系列丛书

精彩小宇宙

微观粒子探秘

“科学心”系列丛书编委会◎编

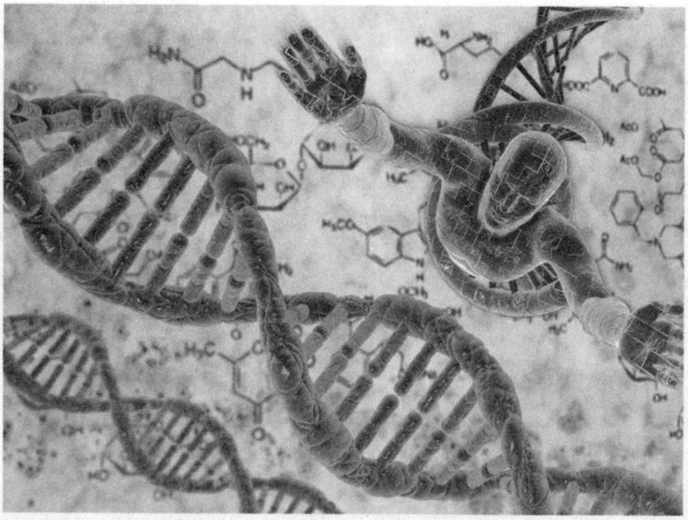

合肥工业大学出版社
HEFEI UNIVERSITY OF TECHNOLOGY PRESS

图书在版编目（CIP）数据

精彩小宇宙：微观粒子探秘/“科学心”系列丛书编委会编 .—合肥：合肥工业大学出版社，2015. 10（2021. 6 重印）
ISBN 978 - 7 - 5650 - 2466 - 5

Ⅰ. ①精… Ⅱ. ①科… Ⅲ. ①微观粒子—青少年读物 Ⅳ. ①O572. 2-49

中国版本图书馆 CIP 数据核字（2015）第 239909 号

精彩小宇宙：微观粒子探秘

“科学心”系列丛书编委会 编　　责任编辑 韩沁钊 张和平

出　版	合肥工业大学出版社	版　次	2015 年 10 月第 1 版
地　址	合肥市屯溪路 193 号	印　次	2021 年 6 月第 3 次印刷
邮　编	230009	开　本	889 毫米×1092 毫米 1/16
电　话	总 编 室：0551 - 62903038	印　张	15
	市场营销部：0551 - 62903198	字　数	231 千字
网　址	www. hfutpress. com. cn	印　刷	安徽芜湖新华印务有限责任公司
E-mail	hfutpress@ 163. com	发　行	全国新华书店

ISBN 978 - 7 - 5650 - 2466 - 5　　定价：35. 00 元

卷首语

我们的物质世界有两个极限尺度，那就是“小宇宙”和“大宇宙”。“小宇宙”如同神秘的潘多拉魔盒，珍藏着众多形形色色的微观粒子，并成为这个世界不可或缺的重要部分。

人类向微观世界的进军，伴随着一种又一种神秘粒子的发现——分子、原子、原子核、轻子，夸克……每一种微观粒子的惊奇发现，都是人类向微观世界迈出的一大步；每一种微观粒子的闪耀登场，都让我们更加见识了世界的奇妙；每一种微观粒子的认识过程，都是科学巨人们的辉煌奋斗史；每一种微观粒子的应用，都给我们的文明带来了重大变革……

目 录

我型我秀——明星纳米粒子与纳米材料

另类的它——纳米粒子 …………………………………………………… (3)
碳的第三种晶体形态——富勒烯 ………………………………………… (9)
谁能比我细——碳纳米管 ……………………………………………… (15)
立足现实——富勒烯、纳米碳管的应用 ………………………………… (20)
它比钻石硬——石墨烯 ………………………………………………… (24)
奇迹无处不在——自然中的纳米高手 ………………………………… (28)
雄鹰展翅——纳米技术 ………………………………………………… (35)
角逐战——各国纳米科技的发展概况 ………………………………… (39)
令人叹为观止的世界最小——组图赏析 ……………………………… (44)

借一双慧眼把你看清楚——显微观测

前情回顾——显微镜的发展历程 ……………………………………… (51)
明察秋毫——电子显微镜 ……………………………………………… (57)
隧道效应的成就者——扫描隧道显微镜 ……………………………… (62)
原子相互作用的成就者——原子力显微镜 …………………………… (67)

镜头下神奇的微观世界——摄影赏析 …… (72)
碰撞中认识你——粒子探测器 …… (78)

一粒沙子就是一个世界——走近微观粒子

挖掘真相——微观的数量级 …… (87)
揭开神秘面纱——宇宙的组成 …… (91)
气吞万象——黑洞 …… (99)
物质探秘——构成物质的微粒 …… (106)
分到尽头，谁在等你——基本粒子 …… (112)
原子的成就者——电子质子中子 …… (120)
宇宙间的“隐身人”——中微子 …… (125)
电磁相互作用的使者——光子 …… (130)

微观粒子世界的轮盘赌——量子理论

神奇的视觉盛宴——微观世界 …… (143)
微观世界的“法律”——量子论的发展历程 …… (147)
上帝会掷骰子吗？——测不准原理 …… (152)
非此即彼——互补原理 …… (156)
我不是我——波粒二象性 …… (160)
万能钥匙——薛定谔方程 …… (164)
王牌对王牌——爱因斯坦与玻尔的两次论战 …… (170)

细微处显神奇——微观粒子的应用

小身体大智慧——分子机器人 …… (177)
成败一线间——纳米化妆品 …… (182)
别惹我发火——核武器 …… (187)

无坚不摧——粒子束武器 …………………………………… (194)
小头脑大智慧——量子计算机 ………………………………… (199)
我运动，我变化——物态变化之谜 …………………………… (204)
放疗治癌的冲锋枪——质子治疗 ……………………………… (208)
生命的螺旋——DNA 分子模型 ………………………………… (212)
多种波长、多种选择——自由电子激光器 …………………… (218)
灰飞烟灭中了解你——粒子加速器 …………………………… (223)

我型我秀

——明星纳米粒子与纳米材料

有那么一些小球，它们叫“巴基球”；
有那么一些管子，它们叫“碳纳米管”；
有那么多材料，它们叫“纳米材料”；
有那么一门技术，叫“纳米技术”；
它们，是今日的明星，群星闪耀！
让我们一起来走近它们，了解它们……

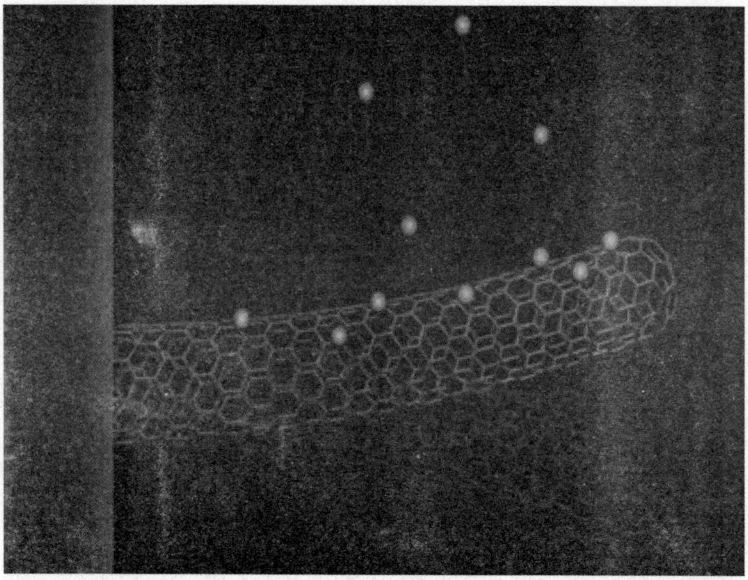

另类的它——纳米粒子

1纳米是10^{-9}米；相当于45个原子排列起来的长度。通俗一点说，相当于万分之一头发丝粗细。就像毫米、微米一样，纳米是一个尺度概念，并没有物理内涵。纳米粒子指的就是在纳米尺度范围内的粒子，过去，人们只注意原子、分子或者宇宙空间，常常忽略这个中间领域，而这个领域实际上大量存在于自然界，只是以前没有认识到这个尺度范围的性能，那么，让我们一起来见识一下纳米粒子的特殊性吧？

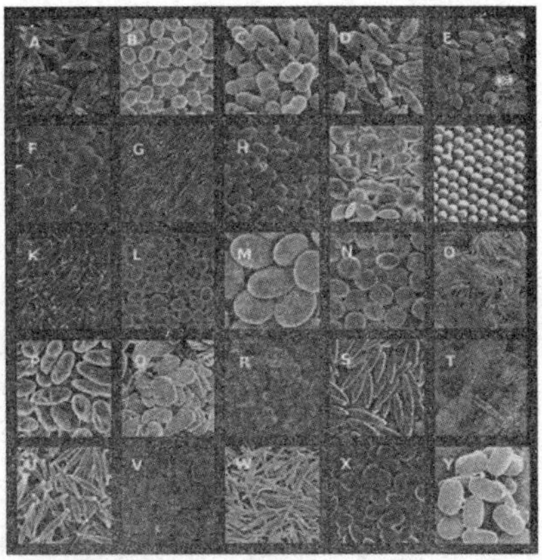

◆各种各样的纳米粒子

什么是纳米粒子

纳米粒子（nanoparticle）也叫超微颗粒，一般是指尺寸在1～100nm间的粒子，处在原子簇和宏观物体交界的过渡区域，从通常的关于微观和宏观的观点看，这样的系统既非典型的微观系统亦非典型的宏观系统，是一种典型的介观系统，它具有表面效应、小尺寸效应和宏观量子隧道效应。当人们将宏观物体细分成超微颗粒（纳米级）后，它将显示出许多奇异的特性，即它的光学、热学、电学、磁学、力学以及化学方面的性质和大块固体相比将会有显著的不同。

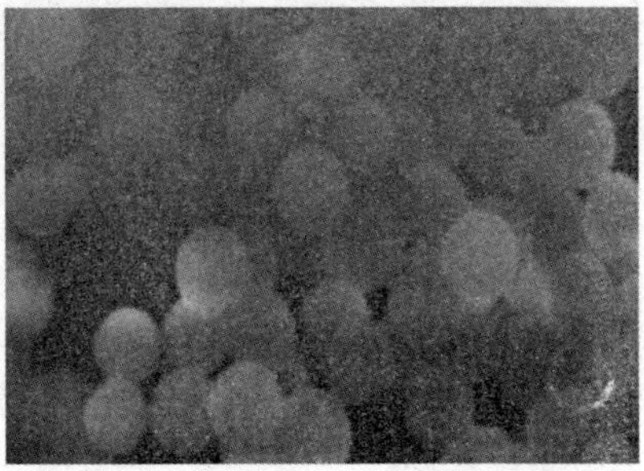

◆纳米粒子

纳米粒子的性质

表面效应

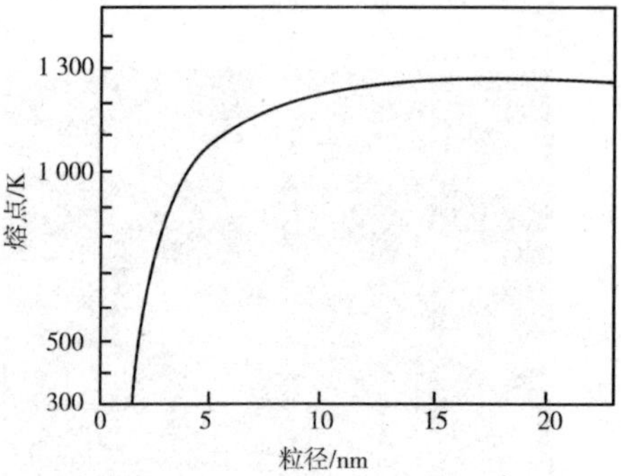

◆金微粒熔点与粒径的关系

球形颗粒的表面积与其直径的平方成正比，其体积与其直径的立方成正比，故其比表面积（表面积/体积）与直径成反比。随着颗粒直径的变小，比表面积将会显著地增加，颗粒表面原子数相对增多，从而使这些表面原子具有很高的活性且极不稳定，致使颗粒表现出不一样的特性，这就是表面效应。

超微颗粒的表面具有很高的活性，在空气中金属颗粒会迅速氧化而燃烧。如要防止自燃，可采用表面包覆或有意识地控制氧化速率，使其缓慢氧化生成一层极薄而致密的氧化层，确保表面稳定化。利用表面活性，金属超微颗粒可望成为新一代的高效催化剂和贮气材料以及低熔点材料。

小知识

人工降雨

◆山东百枚火箭弹人工降雨最大限度缓解旱情

我们平时能够遇到的与表面效应有关的一个典型例子就是水滴的形成。在饱和或过饱和蒸气中的水滴，如果它的半径足够大，那么周围的水蒸气就会逐渐凝聚到这个水滴上，于是水滴也就逐渐地变大。若是水滴本来就很小，那么，由于表面效应的影响，要想维持水滴的存在，外界就必须有很高的蒸气压，

小知识

这样，在一般的蒸气压条件下，水滴便不会增大，而会逐渐地蒸发掉。天空中飘着的云就是由许许多多这样的微型水滴构成的。在雨即将到来的前夕，外界的蒸气压力增高，这些微型水滴通过互相碰撞逐渐结合成越来越大的水滴，最后，当空气的浮力和运动的阻力再也承受不了它们的重量时，它们就向地面掉下来，成为了雨滴。由此也可以看出，如果在过饱和蒸气中掺入一些杂质颗粒如尘埃等，将有助于水滴的形成。如果天上已经有了很厚的云，这时用飞机在云层中散布一些杂质微粒就会加快雨滴的形成，从而达到降雨的目的，这就是人工降雨。

小尺寸效应

随着颗粒尺寸的量变，在一定条件下会引起颗粒性质的质变。由于颗粒尺寸变小所引起的宏观物理性质的变化称为小尺寸效应。对纳米粒子而言，尺寸变小，同时其比表面积亦显著增加，从而产生如下一系列新奇的性质，如：特殊的光学、热学、磁学、力学性质等。

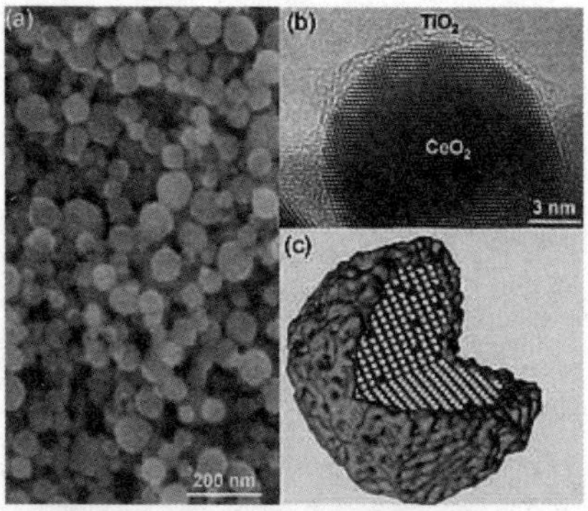

◆纳米颗粒

(1) 特殊的光学性质

所有的金属在超微颗粒状态都呈现为黑色。尺寸越小，颜色愈黑，连黄金被细分到小于光波波长的尺寸时，也会失去原有的富贵光泽而呈黑色。事实上，利用这个特性可以作为高效率的光热、光电等转换材料，可以高效率地将太阳能转变为热能、电能。此外还有可能应用于红外敏感元件、红外隐身技术等。

◆中国新型 JH7B 隐身战机

◆纳米陶瓷

（2）特殊的热学性质

当颗粒小于10纳米量级时，颗粒的熔点将显著降低。银的常规熔点为670℃，而超微银颗粒的熔点可低于100℃。超微颗粒熔点下降的性质对粉末冶金工业具有一定的吸引力。

（3）特殊的力学性质

纳米材料具有大的界面，界面的原子排列是相当混乱的，原子在外力变形的条件下很容易迁移，表现出甚佳的韧性与一定的延展性。例如，陶瓷材料在通常情况下呈脆性，然而由纳米超微颗粒压制成的纳米陶瓷材料却具有良好的韧性。

另外，超微颗粒的小尺寸效应还表现在超导电性、介电性能、声学特性以及化学性能等多个方面。

宏观量子隧道效应

微观粒子具有穿透势垒的概率，称为隧道效应。近年来，人们发现一些宏观量，例如小颗粒的磁化强度，量子相干器件中的磁通量等亦具有隧道效应，称为宏观量子隧道效应。宏观量子隧道效应对纳米科技有着重要的价值，它是纳米电子学发展的重要基础依据。

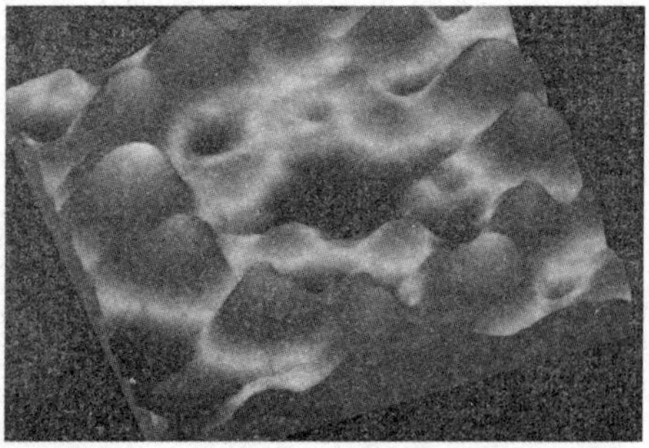
◆宏观量子隧道效应

纳米粒子的一些应用

发光纳米粒子

纳米粒子能在尺寸方面提供超越传统半导体 LED 与激光组件的优势，且只要改变其大小就能改变颜色，制造成本也较低。它的缺点是会任意明灭，纳米粒子通常是以同心球壳层组成，以克制其发光特性，隔离其有毒的内部材料，或针对特定应用来调制外表层。而纳米粒子的两种材料接触的位置，与芯片上两种不同半导体材料的接触面一样，都是崎岖不平的。科学家认为那样的接口就是造成发光纳米粒子闪烁的原因。研究人员正在采取各种方法克服这个瓶颈。

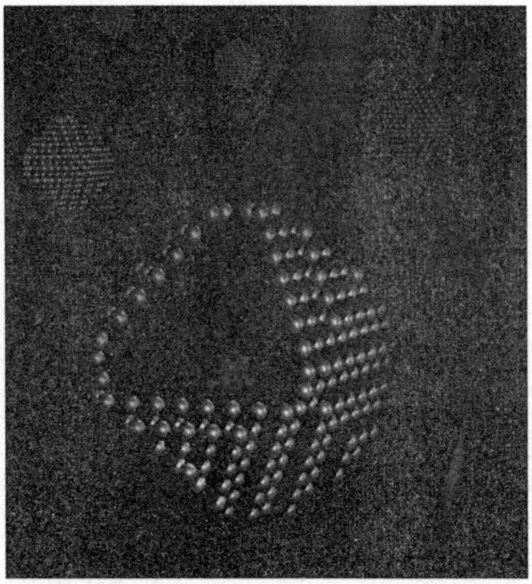

◆新型发光纳米粒子

纳米平版印刷

很多科学家认为将纳米粒子合并入功能性结构中最有希望的方法就是通过它们自身的装配性，这一性质已经普遍应用于不同的平板印刷技术中。由科学家 K. 莱布汉克兰及来自美国、日本和德国公共机构的研究小组所研发的“化学平版印刷术”，是纳米材料自装配技术的最新类型之一。

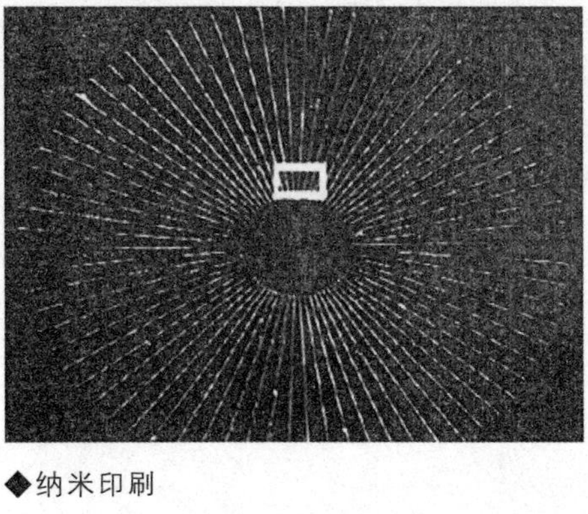

◆纳米印刷

纳米化妆品

一些护肤品生产厂家在抗衰老的产品中加入碳富勒烯，或在防晒霜中加入某种纳米粒子。虽然，纳米粒子比较容易被吸收，但是，从另一方面讲，正是因为它太容易被吸收，所以它可以轻易地越过各种防线进入到人体的其他部位，它会不会与人体中的其他物质发生反应从而引起病变呢？这个还有待于研究，所以，纳米化妆品还是慎用哦！

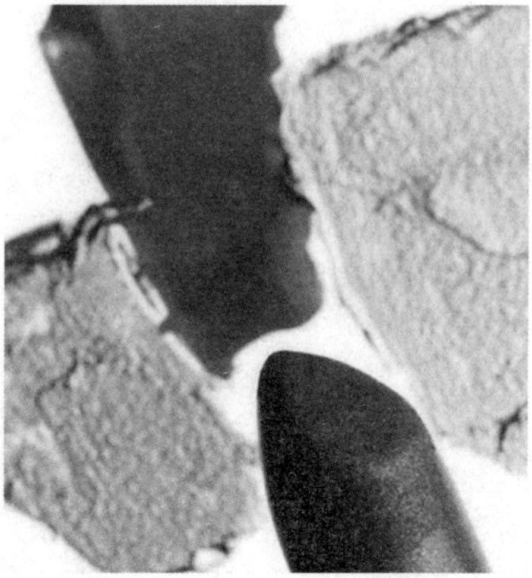

◆纳米化妆品

近十多年来，尚有“库仑堵塞与量子隧穿”，“介电限域效应”等新效应被发现。这些效应使得纳米材料呈现出与宏观材料显著不同的特性，更加吸引着人们开拓和探索这一引人入胜的学科领域。

碳的第三种晶体形态——富勒烯

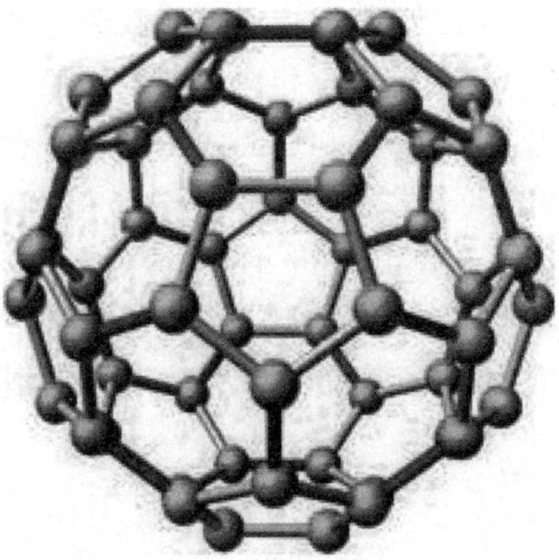

◆富勒烯

它跟金刚石和石墨一样，是碳的一种同素异形体，由碳一种元素组成，它有球状、椭圆状，也会有管状结构存在，石墨的结构中只有六元环，而它的结构中可能存在五元环。它是谁呢？它就是富勒烯。1985 年理查德·巴克敏斯特·富勒发现了第一个富勒烯 C_{60}，又被命名为足球烯，它的表面结构与足球完全一致。富勒烯的名称也由富勒而来……

富勒烯的发现

1960 年以来，就有人猜测过中空形状碳素分子存在的可能性。

1980 年英国苏塞克斯大学的微波光谱学家克罗托（Kroto）教授通过

◆克罗托

◆内嵌富勒烯

获得诺贝尔化学奖后，斯莫利成为纳米技术领域的坚定支持者，期待以纳米技术的发展来解决类似能源那样的全球性问题。

研究星际云团和红巨炭星气团光谱中所见长链聚乙炔信号的契机，巧合地通过美国莱斯大学的柯尔（Curl）与该校的斯莫利（Smalley）共同合作，利用斯莫利所创制的激光气化超声束流仪进行了相应的探索性研究。

1985 年，克罗托等以联合装置中的质谱仪进行分析，首次发现了质谱中存在着一批相应于偶数碳原子的分子的峰，发现了 C_{60} 并指出 C_{60} 可能由 60 个顶角和适当的正五边形和六边形组成。后来斯莫利根据他的猜想做出了一个 C_{60} 模型——“富勒烯”。克罗托因为这一发现和斯莫利、柯尔三人共获 1996 年诺贝尔化学奖。“富勒烯”，其名称源于美国建筑师巴克敏斯特·富勒，因为 C_{60} 的原子结构与他设计的多面体穹顶相似。发现 C_{60} 的科学家是受到巴克敏斯特·富勒建筑结构的启发，因而命名。

名人介绍——R·巴克敏斯特·富勒

◆加拿大蒙特利尔世界博览会美国馆

R·巴克敏斯特·富勒（R·Buckminster Fuller，1895 ~ 1983 年），美国工程师、建筑师、设计师和发明家。他的网格穹顶，一种由四面体框架（三面加底座的金字塔形）构成的自我支撑的半球体，被认为是自拱门诞生以来最伟大的建筑发明。富勒的设计基于一种他创造的被称之为“力量协同几何”的数学体系，他认为三角形是自然界的基本建筑单元。作为最经济和最具适用性的建筑形式之一，网格穹顶被运用于体育馆、工厂、温室和陈列室。杰出的例子有蒙特利尔1967年博览会的美国厅和密苏里州圣路易斯的人工气候室。1948年美国工程师巴克敏斯特·富勒提出的短线网格穹顶结构，集中体现了“少费多用”原则。1967年，富勒采用他创造的穹窿结构体系，设计建造了加拿大蒙特利尔世界博览会的美国馆。

明星富勒烯分子

纳米王子——C_{60}

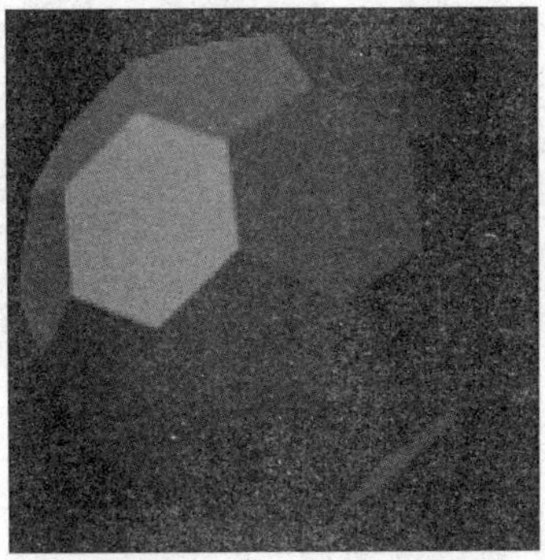

◆32面体

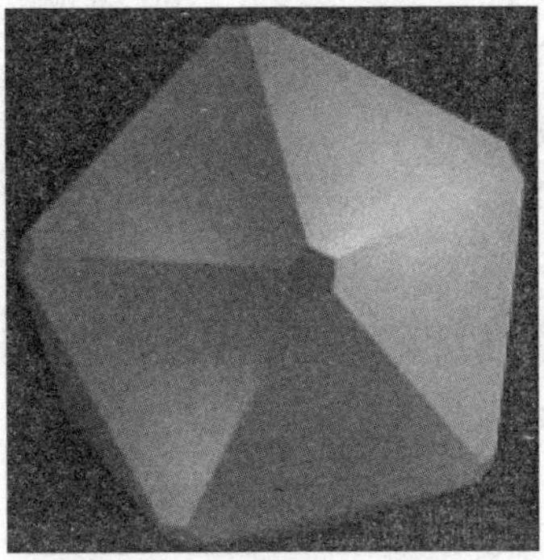

◆20面体

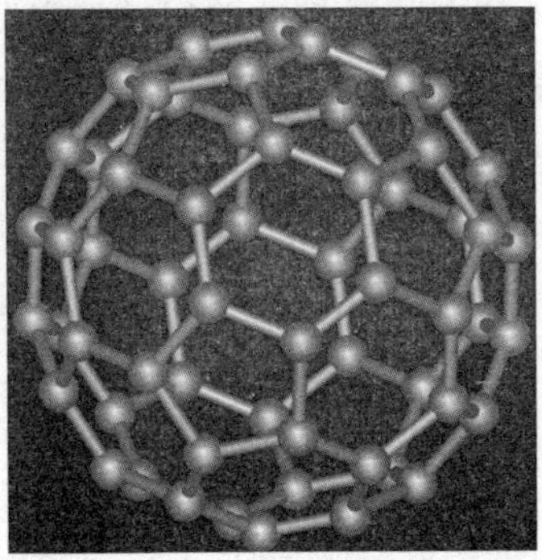

◆C_{60}

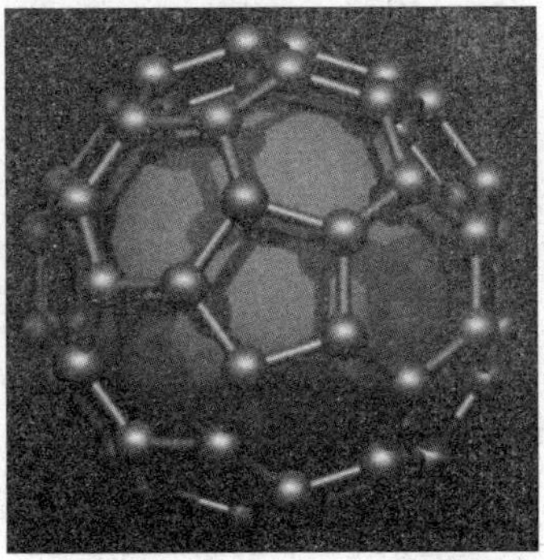

◆C_{60}内嵌

C_{60}由60个碳原子构成球形32面体，其中12个为正五边形，20个为等边六边形，它是一种封闭的笼状结构。经测得直径为0.7nm（纳米）。

C_{60}的正多面体结构可以看作是从正 20 面体去掉顶而变形为的正 32 面体。

C_{60}是分子晶体，球体间联系靠的是范德华力，故熔沸点低，硬度较小，不导电，是绝缘体。它是极好的润滑剂，其衍生物应用于超导半导体和催化剂。

$C_{60}H_{60}$尚未问世，然而心急的化学家已给它起了一个名字叫作绒毛球烷（Fuzzyball）。

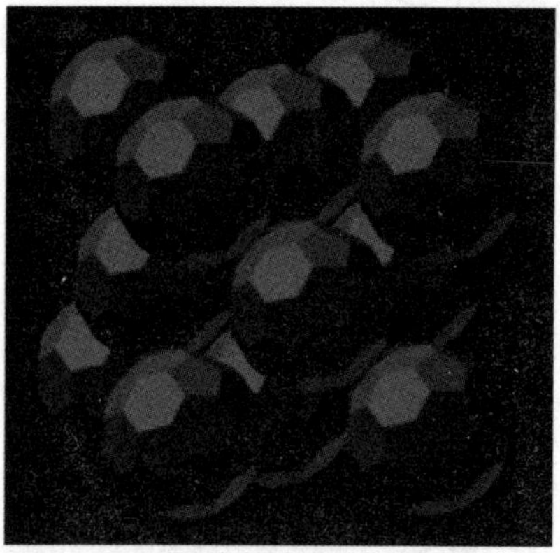

◆C_{60}分子晶体

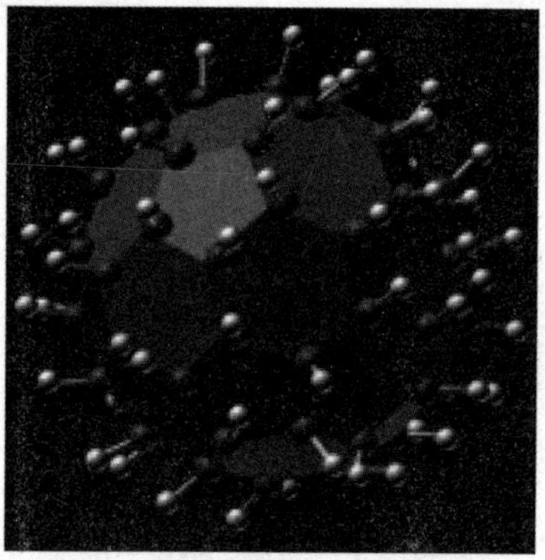

◆$C_{60}H_{60}$

最小的富勒烯——C_{20}

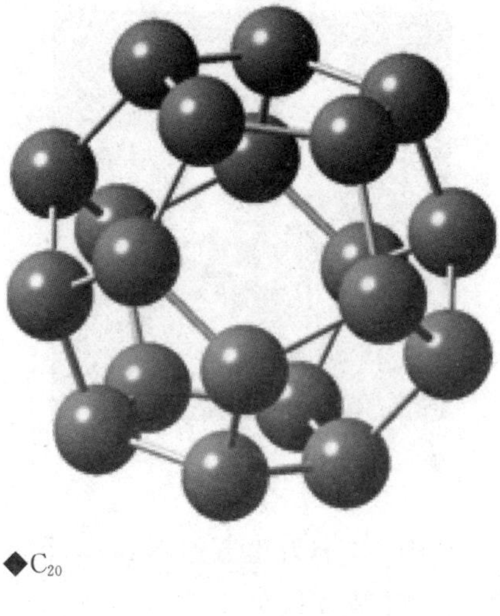

◆C_{20}

2000 年，德国和美国科学家发现了气相状态下 C_{20} 的分子，论文在《自然》杂志上发表后引起了较大反响，但它的具体结构还很难表征。C_{20}分子是碳纳米材料研究中具有代表性的分子，它的结构和稳定性的研究，对于进一步探讨富勒烯的构成方式和张力环的隔离原则是很有意义的，最小富勒烯的研究不仅能够让我们更好更深入地理解 C_{60}，更在于它是形成 C_{60}乃至更大的富勒烯的媒介。C_{20}作为最小的富勒烯，很可能是研究纳米分子器件的关键所在。

较稳定小富勒烯——C_{50}

根据理论计算推测，C_{50}可能是在小富勒烯中比较稳定的一个。中国专家郑兰荪等采用在生成富勒烯的过程中引入氯原子的方法，第一次将活泼的C_{50}用氯原子稳定下来。生成的新型富勒烯$C_{50}CL_{50}$具有极高稳定性，可以方便地进行分离、纯化和结构表征。这是首次分离出稳定的、小于C_{60}的富勒烯衍生物。《科学》杂志审稿人对这一成果给予了高度评价。

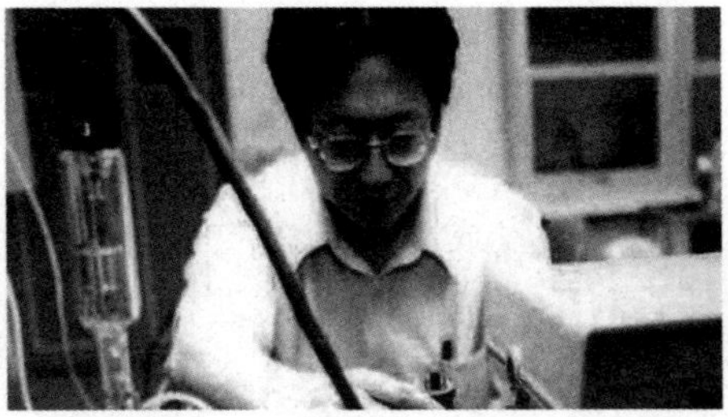

◆郑兰荪院士

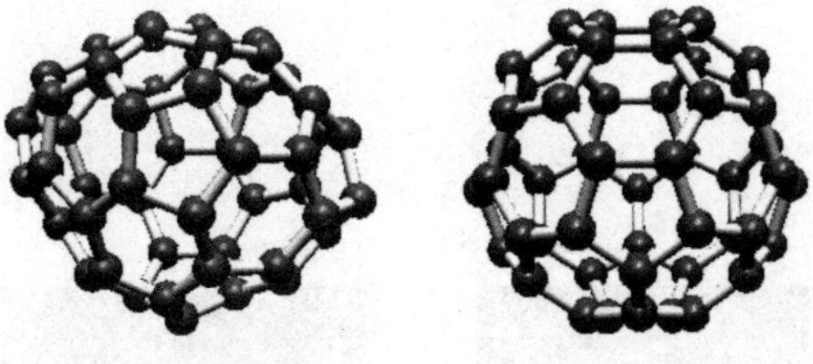

◆C_{50}两种异构体

点击——富勒烯的性质

◆富勒烯

富勒烯是一种新发现的工业材料，它的特性有：（1）硬度比钻石还硬；（2）韧度（延展性）比钢强100倍；（3）它能导电，导电性比铜强，重量只有铜的1/6；（4）它的成分是碳，所以可从废弃物中提炼。

富勒烯的制备

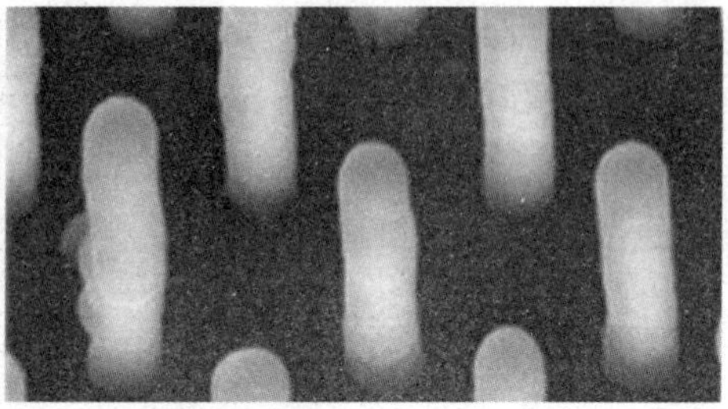
◆圆柱形富勒烯

目前已知有多种方法可以制备富勒烯。例：在一定压力和氦或氩的条件下，用电阻加热高纯碳使之蒸发成为气态的电阻加热法；利用高纯石墨电极进行直流或交流电弧放电，使之蒸发的电弧法；在氩气中用激光照射旋转的高纯石墨盘，使碳蒸发的激光照射法；以及严格控制苯等碳氢化合物和氧气，使之不完全燃烧的燃烧法（亦称火焰合成法）等。

小贴士

◆理查德·斯莫利

◆罗伯特·柯尔

正是有了这么多前仆后继的科学家，才有了我们今天丰富多彩的生活。

谁能比我细——碳纳米管

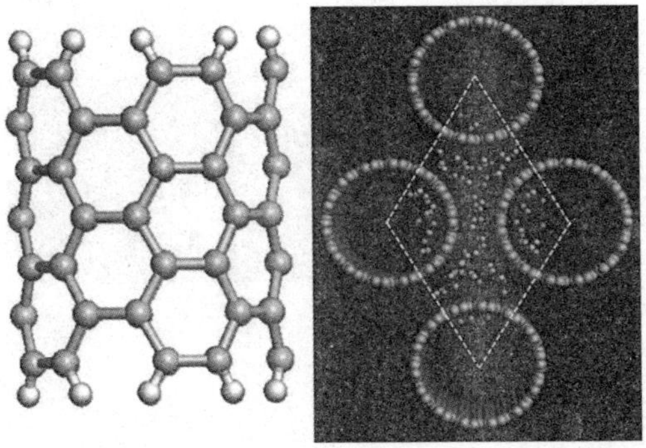

◆碳纳米管

有那么一些管子，它也是全部由碳原子组成的，它也是金刚石、石墨、富勒烯的同素异构体，它的直径小到只有人的一根头发丝的五万分之一，虽然它很细，但是却很强大。它的出现，在材料界刮起了一阵旋风，引起了一股研究热潮。它的硬度与金刚石相当，却拥有良好的柔韧性，可以拉伸。它有良好的导电性，它的熔点是目前已知材料中最高的。猜到它是谁了吗？它就是碳纳米管！让我们一起领略一下这根管子的不平凡！

碳纳米管的发现

1991年日本NEC公司基础研究实验室的电子显微镜专家饭岛澄男在高分辨透射电子显微镜下检验石墨电弧设备中产生的球状碳分子时，意外发现了由管状的同轴纳米管组成的碳分子，这就是现在被称作的“Carbonnanotube”，即碳纳米管，又名巴基管。饭岛教授为推动以碳纳米管为代表的纳米科学的发展做出了重要贡献。

◆饭岛澄男受聘为清华名誉教授

碳纳米管的分类

碳纳米管也是全部由碳原子组成的，与金刚石、石墨、富勒烯一样，都是碳的同素异构体。碳纳米管按石墨烯片的层数分类可分为：单壁碳纳米管和多壁碳纳米管。有直形、弯曲、螺旋等不同外形，端点有的封闭有的开口。

◆汤子康向时任香港特首董建华讲解单壁碳管的结构

碳纳米管的制备

形形色色的碳纳米管

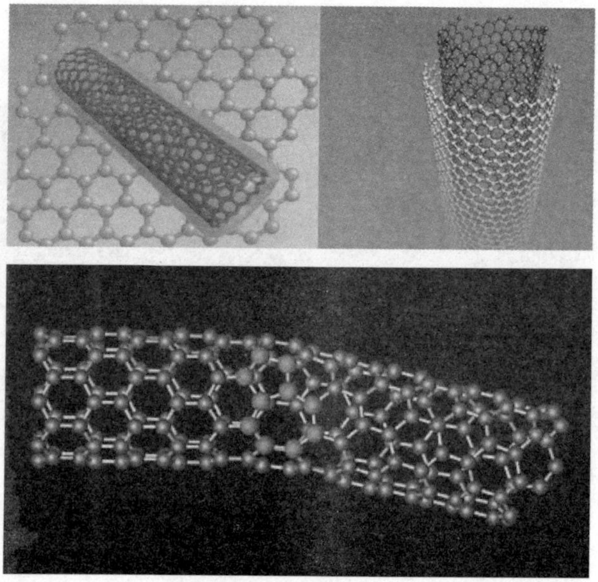

目前常用的碳纳米管制备方法主要有：电弧放电法、激光烧蚀法、化学气相沉积法（碳氢气体热解法）、固相热解法、辉光放电法和气体燃烧法以及聚合反应合成法等。

◆嵌入钴的碳纳米管

◆碳纳米管为长形细小的石墨圆筒

电弧放电法是生产碳纳米管的主要方法。电弧放电法的具体过程是：将石墨电极置于充满氦气或氩气的反应容器中，在两极之间激发出电弧，此时温度可以达到4000℃左右。在这种条件下，石墨会蒸发，生成的产物有富勒烯（C_{60}）、无定型碳和单壁或多壁的碳纳米管。通过控制催化剂和容器中的氢气含量，可以调节几种产物的相对产量。使用这一方法制备碳纳米管的优点是：技术上比较简单；缺点是：生成的碳纳米管与C_{60}等产物混杂在一起，很难得到纯度较高的碳纳米管，并且得到的往往都是多层碳纳米管，而实际研究中人们往往需要的是单层的碳纳米管。此外该方法反应时消耗能量太大。

你知道吗？

多壁碳纳米管的管壁上通常布满小洞样的缺陷，单壁碳纳米管直径大小的分布范围小，缺陷少，具有更高的均匀一致性。

碳纳米管的优良性质

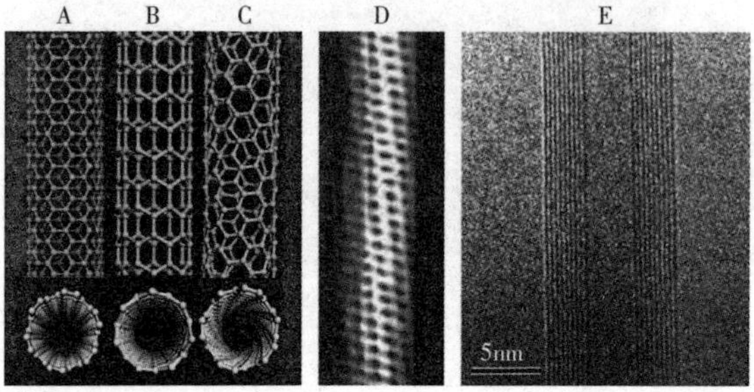

◆碳纳米管

碳纳米管强度高，具有韧性、重量轻、比表面积大，性能稳定，随管壁曲卷结构不同而呈现出半导体或良导体的特异导电性，场发射性能优良。自1991年单层碳纳米管的发现和宏观量的合成成功以来，由于具有独特的电子结构和物理化学性质，碳纳米管在各个领域中的应用已引起了各国科学家的普遍关注，已成为富勒烯和纳米科技领域的研究热点。

万 花 筒

“碳纳米管肌肉”，被称为真正属于21世纪的新材料，据说它“比钢铁更坚固，比空气更轻，比橡胶更具弹性”。它最初是由美国得克萨斯州立大学达拉斯分校纳米技术研究中心主管雷·鲍曼介绍的。这种人造肌肉纤维其实是由“成捆”的碳纳米管组成的，在电流的刺激下可以在水平方向快速伸缩。而在垂直方向上，它却极为坚韧。雷·鲍曼表示，它在单位面积上能够产生的拉力是人体肌肉的30倍，伸缩速度也要比人体肌肉快很多。

小贴士——碳纳米管取代芯片的铜连线

芯片内的互连导线一直是困扰半导体芯片进一步提升性能的最大问题。根据摩尔定律，芯片厂商每2年就会将芯片中的组件缩小一半。缩小芯片导线会提高阻抗，从而导致芯片性能的下降。在20世纪90年代末，芯片厂商将芯片内部导线的材料由铝换成了铜，来解决这一问题。

对于英特尔等芯片制造商而言，铜导线的阻抗在未来数年将再次成为一个大问题。英特尔正在考虑用碳纳米管取代芯片的铜连线，这可能为芯片厂商解决一些大问题。

英特尔已经开发出了利用碳纳米管取代芯片内金属连线的原型产品，并对其性能进行了评估。英特尔在这一项目上与加州理工学院、哥伦比亚大学、伊利诺斯大学、波特兰州立大学进行了合作。但是目前碳纳米管的大规模生产非常困难。根据原子的排列形式不同，一些碳纳米管是半导体；其他一些碳纳米管则是导体；一些纳米管较长，另外一些则较短；因此，同一批生产的纳米管会有不同的特性。

◆英特尔

拓展思考

1. 说说碳纳米管与富勒烯、金刚石、石墨的区别与联系？

2. 你知道单壁碳纳米管又分为哪几种吗？

3. 碳纳米管作为储氢材料目前有什么进展？

4. 碳纳米管作为新型的纳米材料，有哪些优异性能，其中哪些已经得到推广应用？

立足现实
——富勒烯、纳米碳管的应用

我们已经认识了这神奇的小球——富勒烯，也认识了那神奇的细细的管子——纳米碳管，那么，它们仅仅是一个存在吗？它们将跟我们发生什么联系呢？它们将给我们的生活带来怎样的喜悦和惊喜？它们的前途是喜是忧？你，是不是也准备了很多的问题？那么，让我们一起来寻找答案吧！

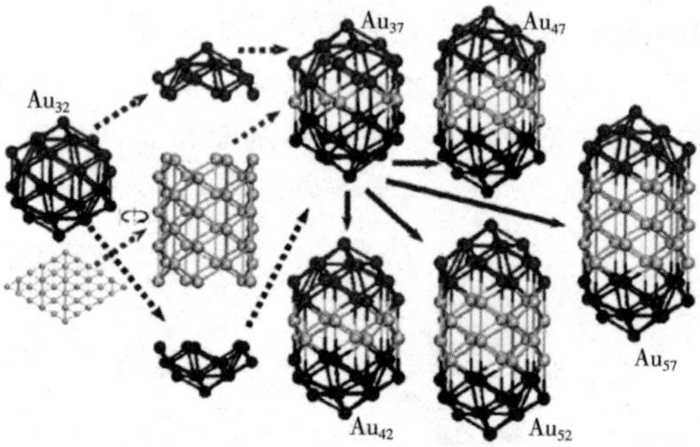

◆金纳米管结构

富勒烯大展拳脚

◆2008 国际富勒烯应用研究学术研讨会在内蒙古大学开幕

富勒烯材料应用前景非常广泛：包括新型材料、超导、激光、红外、电化学、新型能源、天体物理、地质，甚至医学（艾滋病的防治）。

C_{60}

C_{60}是一种很好的超导体，M_3C_{60}（M＝K，Rb，Cs）均为超导体，具有很好的电化学性质，可以被用于制作高容量的锂电池。

C_{60}是一种具有电荷转移性的分子，具有光电导的特性，在静电复印、静电成像以及光探测中有广泛应用。

由于C_{60}具有很高的三阶非线性极化率、超快的光学响应，从红外到可见光区段，透光性能好，有较强的激发态吸收和很高的激光损伤阈值，同时又具备制备简单、热稳定性和氧化稳定性很好，而且在20万个大气压下可保持晶体结构不变，这就使得C_{60}是一种发展前途极佳的非线性光学材料。

利用C_{60}良好的光学反饱和吸收特性（在强光下具有更大的吸收本领），可制成光限辐器件、光双稳器件和全光学开关，实现光脉冲压缩。

小知识

什么是非线性光学材料？

非线性光学材料就是那些光学性质依赖于入射光强度的材料，非线性光学性质也被称为强光作用下的光学性质，主要因为这些性质只有在微光这样的强相干光作用下才表现出来。我国在非线性光学晶体研制方面成绩卓著，某些晶体处于世界领先地位。

其他

将富勒烯作为固体火箭推进剂的添加剂，其衍生物可以显著提高炸药的性能。富勒烯还可作为润滑油添加剂，添加少量富勒烯的润滑油，能显著提高润滑性能。

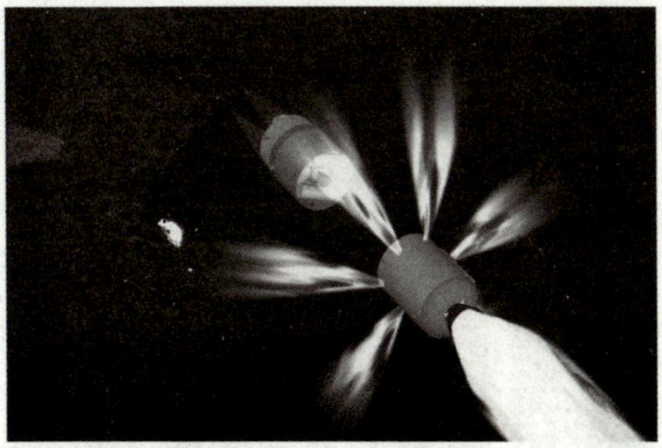
◆固体火箭发动机

超导材料和光学材料也是富勒烯的重要应用领域。内嵌碱金属的富勒烯超导体是一类极具价值的新型超导材料。富勒烯还具有良好的光学及非线性光学性能，可用于生产保护人眼免受强光损伤的光限制产品，并在光计算、光记忆、光信号处理及控制等方面有良好应用前景。

总之，很少有像富勒烯材料这样，问世以后研究工作发展这么迅速，波及领域这么广，应用前景这么深远，成功信息如此频繁。在新的世纪，富勒烯的研究必将开出更绚丽的花朵。

纳米碳管的舞台

◆超细纤维干发帽

利用碳纳米管可以制成高强度碳纤维材料和复合材料，如其强度为钢的100倍，重量则只有钢的1/6，被科学家称为未来的“超级纤维”；超细纤维干发帽，打破了毛巾吸水速度慢的缺陷，不仅具有超强的吸水性，而且更加美观，靓丽，集完美实用于一身。

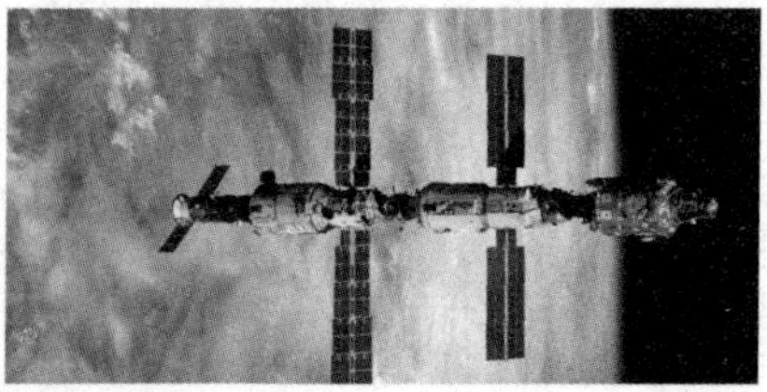
◆人造卫星

在航天事业中，利用碳纳米管制造人造卫星的拖绳，不仅可以为卫星供电，还可以耐受很高的温度而不会烧毁；用金属灌满碳纳米管，然后把碳层腐蚀掉，还可以得到导电性能非常好的纳米尺度的导线。

◆壁挂电视

另外，利用碳纳米管作为锂离子电池的正极和负极材料可以延长电池寿命，改善电池的充放电性能；利用碳纳米管制成极好的发光、发热、发射电子的准点光源，制成平面显示器等，使壁挂电视成为可能；在电子工业中，用碳纳米管生产的晶体管，体积只有半导体的1/10，用碳基分子电子装置取代电脑芯片，将引发计算机的新的革命；碳纳米管可以在较低的气压下存储大量的氢元素，利用这种方法制成的燃料不但安全性能高，而且是一种清洁能源，在汽车工业将会有广阔的发展前景；碳纳米管还可作为催化剂载体和膜材料……

欧盟在纳米科学方面颇具实力，特别是在光学和光电材料、有机电子学和光电学、磁性材料、仿生材料、纳料生物材料、超导体、复合材料、医学材料、智能材料等方面的研究能力较强。

小　结

富勒烯、纳米碳管，都是纳米材料里面的明星材料。它们被称为是21世纪最有前途的纳米材料之一。目前，各国已经掀起了纳米研究热，其中，对富勒烯、纳米碳管的研究更是争相展开。相信在不久的将来，富勒烯、纳米碳管将会有更多的应用带到我们现实生活中。

拓展思考

1. 动手查一查，各国在富勒烯、纳米碳管的研究方面都有哪些进展，哪些国家排在前列？

2. 你能说出几种富勒烯、纳米碳管的实际应用吗？

3. 除了富勒烯、纳米碳管，你还知道哪些纳米材料，它们有什么特点和应用？

4. 我国在这方面取得的成就有哪些？

它比钻石硬——石墨烯

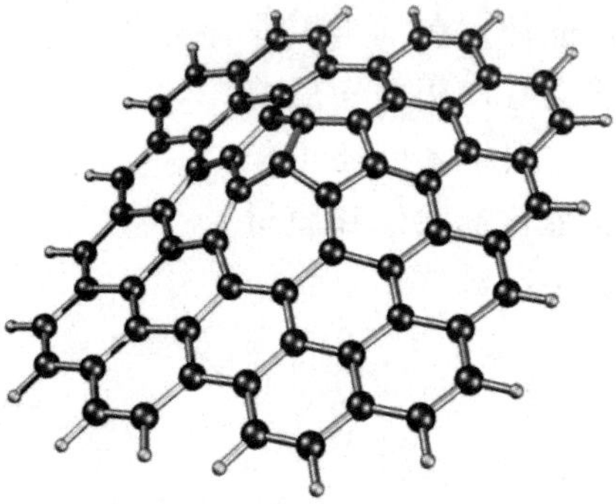
◆石墨烯

法国皇帝拿破仑曾经说过“笔比剑更有威力”，他说这话的时候绝对不会想到，在200年后，人类会从使用的普通铅笔中发现地球上强度最高的物质！它就是石墨烯，它是一种二维碳原子晶体，美国哥伦比亚大学的两名华裔科学家研究发现，它竟然比钻石还坚硬！美国机械工程师杰弗雷·基萨教授用一种形象的方法解释了石墨烯的强度：如果将一张和食品保鲜膜一样薄的石墨烯薄片覆盖在一只杯子上，然后试图用一支铅笔戳穿它，那么需要一头大象站在铅笔上，才能戳穿只有保鲜膜厚度的石墨烯薄层。是不是觉得很神奇呢？让我们来仔细研究它吧！

它比钻石硬

2004年，英国曼彻斯特大学的安德烈·K·海姆等人制备出了石墨烯。他们将石墨分离成较小的碎片，从碎片中剥离出较薄的石墨薄片，然后用一种特殊的塑料胶带粘住薄片的两侧，撕开胶带，薄片也随之一分为二。不断重复这个过程，就可以得到越来越薄的石墨薄片，而部分样品仅由一层碳原子构成——这就是他们制得的石墨烯。石墨烯的发现引起了世界性的研究热潮。

2008年8月，美国哥伦比亚大学的两名华裔科学家李成古和魏小丁（音译）一起，在铅笔石墨中发现了石墨烯，并用原子尺寸的金属和钻石探针对单层石墨烯进行穿刺，从而测试它们的强度。让他们震惊的是，石墨烯比钻石还坚硬，它的强度比世界上最好的钢铁还高 100 倍！这是一个令科学界震惊的研究成果。

◆安德烈·K·海姆

◆华裔科学家魏小丁（左）和李成古

优良性质

似乎没有什么是碳所不能及的：钻石、富勒烯、碳纳米管、碳纤维均已展示了碳作为“第六元素”的力量，现在，石墨烯正以另一种独特的方式延续碳的神奇……

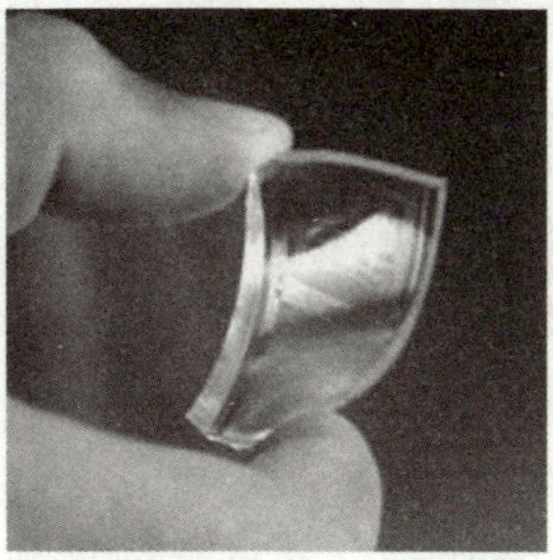

◆弯曲的石墨烯

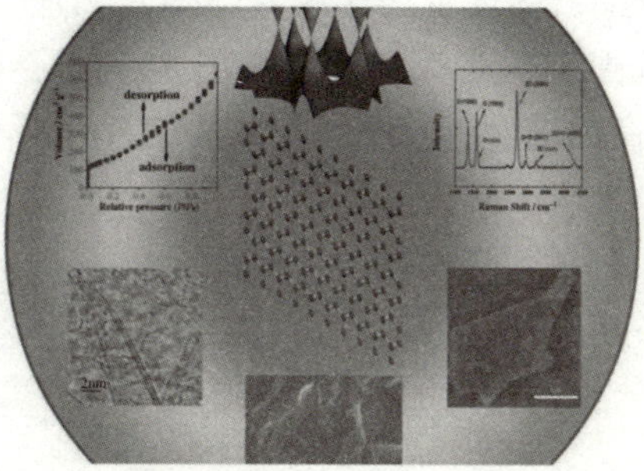

◆石墨烯应用

石墨烯除了异常坚固外，它还是已知材料中最薄的一种，几片放在一起的厚度只有一个原子大，把 20 万片石墨烯叠加到一起，也只有一根头发丝的直径那么厚，这令其看上去是透明的。

作为单质，石墨烯在室温下传递电子的速度可以达到光速的 1/300，因此，它比任何已知导体的传导速度都快。

石墨烯结构非常稳定，迄今为止，研究者仍未发现石墨烯中有碳原子的缺失。碳原子之间连接的柔韧性非常好，当施加外部机械力时，碳原子面就弯曲变形，使碳原子不必重新排列来适应外力，从而可以保持结构稳定。

制　备

科学家们一度认为，石墨烯带比碳纳米管还要难以制造。但是，经过研究发现，并没有想象中的那么困难，在石墨烯的制备上，科学家们已经看到了一丝曙光。

◆碳纳米管制造石墨烯

韩国研究人员发现了一种制备大尺寸石墨烯薄膜的方法。这种石墨烯薄膜不仅具备高硬度和高拉伸强度，其电学特性也是现有材料中最好的。

另外，美国两组科学家成功地使用圆柱状的碳纳米管制造出了几十纳米宽的石墨烯带。这些石墨烯带的应用范围涵盖太阳能电池、计算机等。该研究成果发表在2009年4月16日的《自然》杂志上。

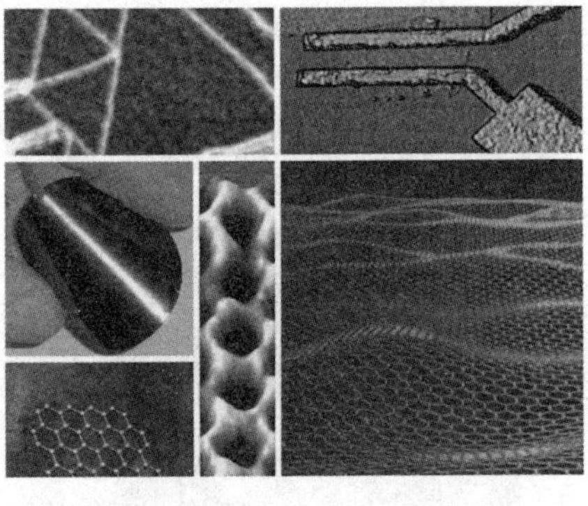

◆石墨烯

但是，这些制备仅仅能实现小规模生产，这对更好地测量、理解和开发造成了局限。在2010年1月17日出版的《自然·纳米技术》杂志上，研究人员称石墨烯开发获得重大突破。研究人员首次用较大面积（大约50平方毫米）的石墨烯层成功制造了大量的电子器件。在该成果的推进下，生产出作为未来纳米技术基础的新材

2006年3月，佐治亚理工学院成功地制造了第一个石墨烯平面场效应晶体管，并观测到了量子干涉效应。

料研究又向前迈了一步，石墨烯材料将成为未来电子产品的关键材料。

用 途

石墨烯是非常有前途的材料，它的超好导电性预示了它将会在微电子领域有重要应用。它可以用来制造超薄电极和晶体管，还可以制作可折叠的有机发光二极管显示器和有机太阳能电池等。它使得隐形衣和轻薄防弹衣成为可能，它还可以被用来制造纸片般薄的超轻型飞机材料，它甚至还为“太空电梯”缆线的制造打开了一扇希望之门。

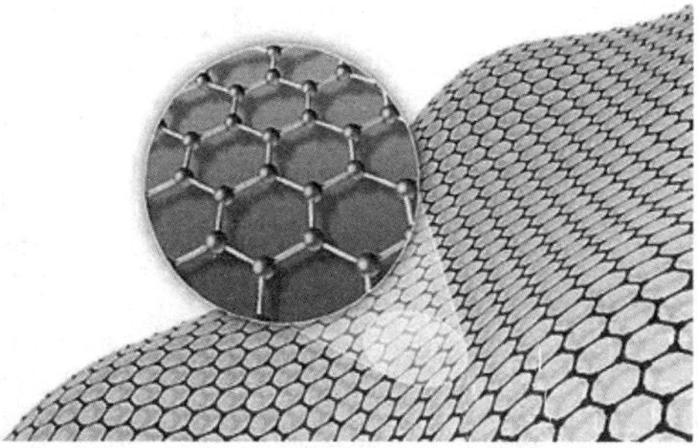

◆富勒烯

广角镜——什么是“太空电梯”

◆太空电梯

太空电梯的主体是一个永久性连接太空站和地球表面的缆绳，可以用来将人和货物从地面运送到太空站。而且，太空电梯还能用作一个发射系统，因为太空电梯必然被地球带动旋转，而越高的地方速度越快，所以将飞船从地面运送到大气层外足够高的地方，只要一点加速度就可以起航了。

美国研究人员称，“太空电梯”的最大障碍之一就是如何制造出一根从地面连向太空卫星，并且足够强韧的缆线。美国科学家证实，地球上强度最高的物质——石墨烯完全适合用来制造太空电梯缆线！

奇迹无处不在
——自然中的纳米高手

◆长得像富勒烯的花

事实上，纳米技术并不神秘，因为它并不是人类的专利，从宇宙之初，纳米材料就已经存在了。且让我们来看看自然界的生物吧，无论是亭亭玉立出淤泥而不染的荷花还是让人望而生畏的蜘蛛，从诡异的海蛇尾到嗡嗡飞来飞去的蜜蜂，从海中的贝壳到美丽的蝴蝶，从攀壁高手壁虎到小小的细菌……每一个都是身怀绝技的纳米高手。它们的存在，也给现代纳米科技工作者们带来了无数的启示和灵感……

出污泥而不染的荷花

“出泥而不染，亭亭立清涟”，这是形容荷花的诗句。一提到莲花，人们就会很自然地联想到荷叶上滚动的露珠，想到莲花的出淤泥而不染，20世纪70年代，德国波恩大学的植物学家巴特洛用人造的灰尘粒子污染莲花等植物的叶面，然后用人造雨清洗2分钟，最后将叶面倾斜15℃使雨滴滑

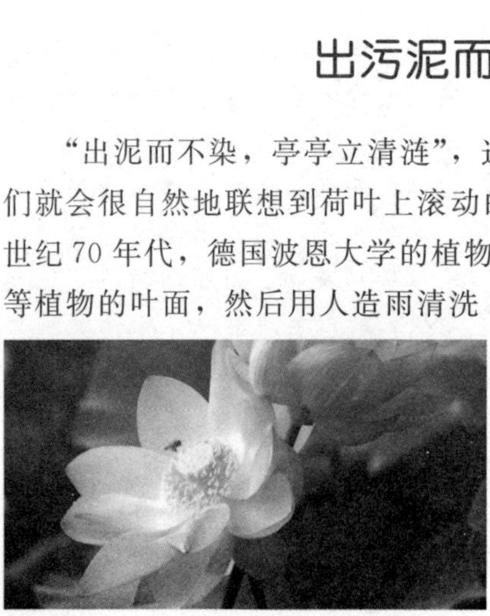
◆荷花

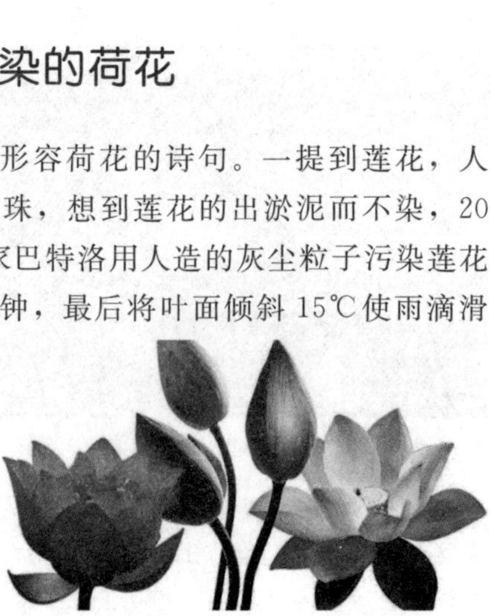
◆荷花

落，观察叶面灰尘粒子残留的状况，发现有些植物叶面的残留物达到 40% 以上，而莲花等植物叶面污染物残留比例小于 5%，这就是莲花效应。但是，知道荷花为什么会出淤泥而不染吗？让我们一起来揭秘吧！现代电子显微镜技术可以帮助我们给出正确的答案。通过电子显微镜，可以观察到莲叶表面覆盖着无数尺寸约 10 个微米的突包，而每个突包的表面又布满了直径仅为几百纳米的更细的绒毛。这是自然界中生物长期进化的结果，正是这种特殊的纳米结构，使得荷叶表面不沾水滴。借助莲花效应，莲花可保持叶子清洁。使莲叶能够更好地进行光合作用。这种自洁效应的表面超微纳米结构，也普遍存在于其他植物中，有些动物的皮毛中也有这种结构。

趣谈笑说

荷花与莲花

一般来说荷花与莲花统称为莲花，但是如果细分的话，荷花与莲花应该是同属不同种的植物，虽然很相似，但是也有很多区别。有藕的是荷花，没藕的是莲花，如睡莲。荷花，多年生水生植物。花色有白、粉、深红、淡紫色或间色等变化。睡莲，多年生水生花卉，花单生于细长的长梗顶端，多白色，漂浮于水面。

飞檐走壁的壁虎

壁虎可以在任何墙面上爬行，反贴在天花板上，甚至用一只脚在天花板上倒挂。它依靠的并不是人们以前所认为的“吸盘”，而是壁虎脚上覆盖着的十分纤细的刚毛，刚毛根部有几十微米粗，顶端分出很多又细又弯的绒毛，每根绒毛直径只有几百纳米，末端延展成扁平形状，这种惊喜的结构，可以使壁虎以几纳米的距离大面积地贴近墙面。尽管这些绒毛很纤弱，但足以使所谓的范德华键发挥作用，为壁虎

◆壁虎

提供数百万个附着点，从而支持其体重。这种附着力可通过“剥落”轻易打破，就像撕开胶带一样，因此壁虎能够自由自在地穿过天花板。

粘合高手——贝类

我们所要说的黏合高手，不是什么稀有的东西，它就是我们经常可以看到吃到的普通贝类，它为什么会是黏合高手呢？当它想把自己贴在一块岩石上时，它会打开贝壳，把触角贴到岩石上，它将触角拱成一个吸盘，然后通过细管向低压区注射无数条黏液和胶束，释放出强力水下胶黏剂。这些黏液和胶束瞬间形成泡沫，起到小垫子的作用。贝类通过弹性足丝停泊在这个减震器上，这样，它们就可以随波起伏，而不至于受伤。这种牢固的胶粘效果就来自黏液和岩石纳米尺度下分子之间的相互作用力。受到贝类的启示，科学家们设想研发一种医用防水生物胶，能防水，适用于在潮湿的口腔中作业，比如修复牙齿损伤等，并能成为黏结断裂骨骼和缝合软组织的理想材料。

壁虎的断尾，是一种“自卫”。当它受到外力牵引或者遇到敌害时，尾部肌肉就强烈地收缩，能使尾部断落。掉下来的一段，由于里面还有神经，一些时候尚能跳动。

◆贝类

◆贝类佳肴

眼观六路的蛇尾

◆美丽的海星

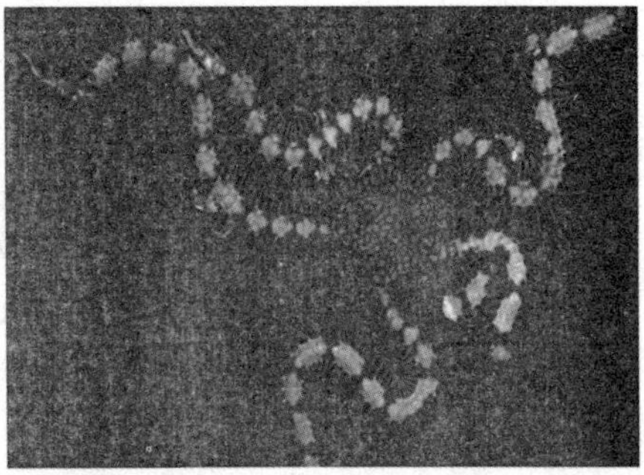

◆蛇尾海星

蛇尾是一种碟形的带甲壳的海底生物，有五个触角，看到它你就能想起海星，它没有眼睛，但尽管没有眼睛，它却能够敏锐地感知远处潜在的危险，在天敌到来之前及时将触角缩进壳里。蛇尾为什么会有这种灵敏的感觉呢？长期以来，这是一个一直令生物学家迷惑不解的问题。后来，这个问题终于在它的甲壳上找到了答案：原来，蛇尾身上长满了“眼”，即数以万计的完美的微型透镜，它们都是由纳米晶体的碳酸钙组成的。一条蛇尾身上的这种透镜数目大约有 5 万到 10 万，这样，整个毛茸茸的身体就构成了海星眼观六路的眼睛。这种完美的光敏感微型透镜系统，是海星生长过程中，身体表面纳米结晶化的结果。为了防止不必要的色边，结晶化过程中，透镜内还吸收了适量的镁，这既可以帮助海星更有效地过滤光线，又可以校正透镜的“球面像差”，进而更有效地发现天敌。

原理介绍

球面像差

一般球面镜片在光线进入镜片后到焦平面时，其边缘部分比中央部分容易产生严重的折射与弯曲，此现象会导致锐利度和对比度的降低及光斑的产生，而使得影像品质下降，而且光圈越大越严重，所以收光圈的方式可以改善这种情况，但是无法完全消除。此种因球面镜片所产生的像差称为球面像差。

小知识

小知识——什么是蛇尾?

它是一种在海水中生活的无脊椎动物。蛇尾约有2000种，属于棘皮动物门蛇尾纲，看到它们的样子你可能会想到海星，海星也属于棘皮动物门，但它们属海星纲。蛇尾最明显的特征就是它的那5条腕，它们弯弯曲曲的，像蛇一般。有些种类的蛇尾，它们的腕可长达180厘米呢。有的蛇尾，它们的腕还能像树一样长出好多分支来。蛇尾一般生活在海底或趴在海绵身上，它们主要吃腐肉和一些浮游生物。有些蛇尾还能发出淡灰或淡蓝色的光来。

五彩斑斓的蝴蝶

◆蝴蝶

蝴蝶的翅膀上有着绚烂的花纹，让人眼花缭乱。这让生物学家们感到好奇：蝴蝶令人眼花缭乱的颜色究竟是如何形成的呢？荷兰格罗宁根大学的希拉尔多博士最终发现了解决这个问题的通道。在研究了菜粉蝶和其他蝴蝶翅膀的表面后，希拉尔多博士揭示了这个秘密：翅膀上的纳米结构正是蝴蝶的“色彩工厂”。他的研究表明，蝴蝶翅膀上炫目的色彩来自一种微小的鳞片状物质，它们就像圣诞树上小小的彩灯，在光线的照耀下能折射出斑斓的色彩。

光洁顺滑的海豚

◆海豚

为什么海豚一生都生活在水中，皮肤永远是那么光洁顺滑？而舰船在水中不多久就会生锈？研究发现，海豚的皮肤布满了纳米大小的微小突起，这一些突起小到无法让有害的微生物附着在它上面，从而时刻保持它的皮肤光洁如昔。也许未来，人们可以制造合适的纳米材料做船身，到那个时候，舰船在水中泡得再久，也不会锈迹斑斑了。

其他纳米高手

另外，人们还发现鸽子、蜜蜂以及生活在水中的趋磁细菌等生物体中存在超微的磁性颗粒，使这类生物在地磁场导航下能辨别方向，具有回归的本领。磁性超微颗粒实质上是一个生物磁罗盘，生活在水中的趋磁细菌依靠它游向营养丰富的水底。细菌应当是世界上“跑”得最快的生物，它每秒钟向前游走的距离可以是自己身长的50倍之多……

◆鸽子

讲解：生活中纳米的联想

生活中，自然界，有很多让我们惊讶和叹为观止的现象，也有很多让我们怜爱的生物，它们有着各自不平凡的本领。正如我们所介绍的，很多生物都是“纳米高手”。那么，你还知道哪些生物是纳米高手呢？它们各自有着自己什么样的绝活？讨论一下，这些纳米方面的特性对它们的生活和生存有什么帮助？

◆辛勤的蜜蜂

拓展思考

1. 你所了解的自然界中的植物或者动物还有哪些是所谓的“纳米高手”？

2. 查一查，科学家从自然界的纳米高手那里得到哪些启示，发明了哪些东西？

3. 谈谈善于观察和善于思考在科学研究中的作用？

4. 从根本上谈一下为什么纳米材料有自洁功能？

雄鹰展翅——纳米技术

什么是纳米技术？这个今天我们已经耳熟能详的名词，究竟给我们的现实世界带来了什么？它是否像你想象中的那么神秘？还是，它真的可以那么亲切地贴近生活？科技一直在进步，那么，作为新兴的技术产业，纳米技术又将会怎样改变人类的未来生活？它，给我们带来的改变，是否已经在悄悄地发生着，作用着……

◆2007 川粤（成都）纳米技术及产品合作交流展示会

什么是纳米技术

科技链接

什么是纳米电子学？

纳米电子学是讨论纳米电子元件、电路、集成器件和信息加工的理论和技术的新学科。它代表了微电子学的发展趋势并将成为下一代电子科学与技术的基础。最先实用化的三种器件和技术分别是纳米 MOS 器件，共振隧穿器件和单电子存储器。

了解了什么是纳米材料，现在我们来看看什么是纳米技术，它与纳米材料有着什么样的关系。纳米技术，是纳米科学与技术的简称，是指在纳米尺度（1 纳米到 100 纳米之间）上研究物质（包括原子、分子的操纵）的特性和相互作用，以及利用这些特性的多学科交叉的科学和技术。

纳米技术是一门交叉性很强的综合学科，研究的内容涉及现代科技的广阔领域。纳米技术主要包括四个方面：纳米材料、纳米动力学、纳米生物学和纳米药物学、纳米电子学。其中，纳米材料的制备和研究是整个纳米科技的基础。纳米电子学是纳米技术最重要的内容。

高科技就在我们身边

提起纳米技术，人们可能以为遥不可及，其实不然，纳米技术，正悄无声息地进入人们的生活，并悄悄改变着人们的衣食住行，往往还不会被使用者察觉。欧洲科技发展成果研究院的戴克介绍说："对于使用者来说，他最终其实并不关心究竟是什么原理使得他的计算机，或者手机，变得那么小巧玲珑。"是的，人们往往只是关心这已经改变了的现状。那么，让我们一起来看看有哪些贴近人们生活的应用吧。

◆纳米手机

纳米衣服

衣服，是人们生活的必备品。今天，人们对衣服的追求不仅仅限于颜色和款式，更讲求衣服的面料和质地，化纤布料制成的衣服虽然艳丽但因摩擦容易产生静电，如果在生产时加入少量的金属纳米微粒，就可以摆脱烦人的静电现象了，让人们在穿着靓丽的同时更能享受到穿着的舒适。另外，纳米织物制作的服装可以防火防水，把某种矿物质的纳米微粒混入纤维，制成T恤可持久释放负离子，穿上后仿佛让人置身野外，有一种清新之感，这将是今后纳米服装的神奇功能之一。上海

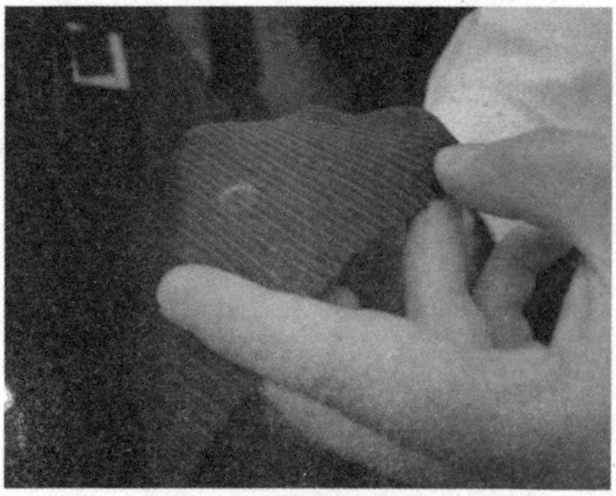
◆纳米衣

东华大学将纳米技术应用在纤维上，研制出多种具有抗紫外线、抗菌、保暖、导湿等功能的“纳米衣”，并由多家企业开始生产销售。

家电

冰箱、洗衣机已经成为我们日常生活中必不可少的家用电器。但是，这些家用电器使用时间长了很容易产生细菌，怎么处理呢？采用了纳米材料新设计的冰箱、洗衣机既能抗菌，又能除味杀菌，是不是更实用更放心呢？

◆纳米冰箱

以前的电视、音响等家电外表一般都是黑色的，被称为黑色家电，这是因为家电外壳材料中必须加入炭黑进行静电屏蔽。而利用纳米技术，人们已研制出可屏蔽静电的纳米涂料，通过控制纳米微粒的种类，进而可控制涂料颜色，使黑色家电变成彩色家电。

◆个性电视

化妆品

我们都知道，紫外线对人体的害处是极大的，有的纳米微粒却可以吸收紫外线对人体有害的部分，市场上的许多化妆品正是因为加入了纳米微粒而具备了防紫外线的功能。

涂料

传统的涂料耐洗刷性差，时间不长，墙壁就会变得斑驳陆离，纳米技术运用之后，涂料的技术指标大大提高，外墙涂料的耐洗刷性将提高十多倍，这个发明的启示可是来源于出淤泥而不染的莲花哦！

近10年来，纳米技术已经走出了基础科研的象牙塔，进入了实际应用的阶段。人们还可以利用纳米技术制造出运算速度更快的计算机、具有自德国慕尼黑的纳米物理学家黑克尔兴奋地表示："纳米技术，将会像蒸汽机，或者是计算机那样，为世界，为人类社会，带来翻天覆地的变化。"

我清洁能力的窗户、更好的医用移植品，以及其他许许多多的革新产品。可以说，方兴未艾的纳米技术，将会彻底改变人们的日常生活习惯。让我们一起期待与见证！

纳米技术前景

纳米技术的应用有着诱人的技术潜力，它的应用范围包括制造工业、航天工业到医学领域等。美国全国科学基金会曾发表声明说："当我们进入 21 世纪时，纳米技术将对世界人民的健康、财富和安全产生重大的影响，至少如同 20 世纪的抗生素、集成电路和人造聚合物那样。"科学家们预计，纳米技术在新世纪中的应用前景广阔，已经涵盖了材料、测量、机械、电子、光学、化学、生物等众多领域，信息技术与纳米技术的关系已密不可分。从目前研究的进展情况看，纳米技术的应用前景非常广阔。如：纳米机械将在数年内投入使用；纳米技术将极大地促进保健业的发展；纳米技术在航空航天领域的应用前景更为广阔；纳米技术的开发研究将在生物技术领域大显身手。

广角镜——纳米的未来展望

纳米技术的大胆应用设想还包括：利用纳米机器将获取的碳原子逐个组织起来，变成精美的金刚石；将二氧化物分子重新分解为原来的组成部分；在人血中放入纳米巡航工具，它能自动寻找沉积于静脉血管壁上的胆固醇，然后将它们一一分解；将来纳米机器能够把草地上剪下来的草变成面包……在完全意义上讲，世上每一个现实存在的物体无论是电脑还是奶酪都是由分子组成的；在理论上，纳米机器可以构建所有的物体。

角逐战
——各国纳米科技的发展概况

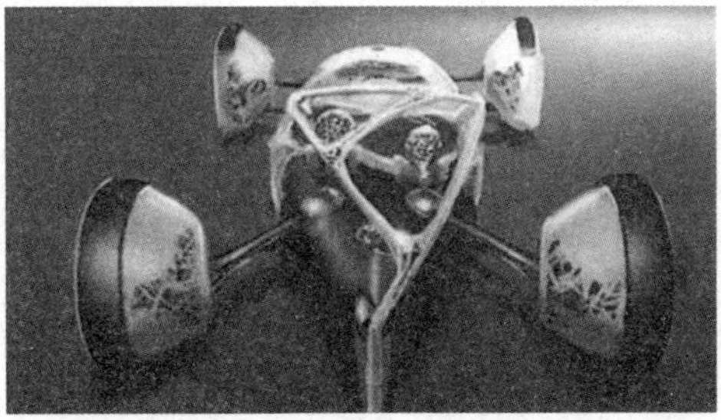
◆应用了纳米科技的概念车

纳米科技已在国际间形成研究开发的热潮，世界各国将发展纳米科技作为国家科技发展战略目标的一部分，纷纷投入巨资用于纳米科技和材料的研究开发。纳米材料是纳米科技的重要组成部分，日益受到各国的重视。各国（地区）制定了相应的发展战略和计划，指导和推进纳米科技和纳米材料的研发，将支持纳米技术和材料领域的研究开发作为21世纪技术创新的主要驱动器，纳米科技和材料展现了其广阔的发展前景和趋势。

中　国

◆2008 第七届中国国际纳米科技研讨会

中国在纳米材料及其应用、扫描隧道显微镜分析和单原子操纵等方面研究较多，主要以金属和无机非金属纳米材料为主，约占80%，高分子和化学合成材料也是一个重要方面，而在纳米电子学、纳米器件和纳米生物医学研究方面与发达国家有明显差距。中国的纳米科技方面的论文逐年增长较快，但是在专利方面却明显落后于其他国家，说明虽然我们在纳米技术研究上具备一定的实力，但比较侧重于基础研究，而实用化能力较弱。

◆华裔教授王中林

国家纳米科技中心海外主任、欧洲科学院院士、美国佐治亚理工学院教授王中林出席在湖北大学举办的2008年第七届中国国际纳米科技研讨会时如此表示："中国的纳米科技接近世界前沿，但与世界先进水平差距不小。中国要在纳米科技这一新领域超越西方，就必须打破相对封闭的研究体系，多与西方同行交流沟通。"

你知道吗?

在纳米科技竞争中，中国在某些方面还是具有优势的：一，纳米科技研究力量基本形成了；中国是世界上少数几个从20世纪90年代开始就重视纳米材料研究的国家之一，已经形成了一支颇有实力的研究队伍，也形成了一定水平的研究基地；二，中国有发展纳米材料的矿物和生物资源；三，中国有巨大的潜在市场。

点击——中国纳米科技的领军人

◆白春礼

白春礼：1953年9月出生。1978年北京大学化学系毕业，1985年获博士学位。现任中国科学院副院长、中国科协副主席、国家纳米科技指导协调委员会首席科学家、中国科学院纳米中心学术委员会主任，是纳米科技领域有影响的代表人物。1987年10月30日，白春礼把在异国他乡挣来的美元，全部变成了扫描隧道显微镜（STM）的研制资料、关键元器件，怀着满腔赤诚踏上归途。

美元、绿卡都无法留住他的脚步。

1988 年 4 月 12 日，中国第一台计算机控制的 STM 研制成功。随后，AFM——原子力显微镜研制成功、激光检测 AFM 研制成功、低温 STM 研制成功、超高真空 STM 研制成功、BEEM——弹道电子发射显微镜的研制通过国家鉴定，达国际先进水平……

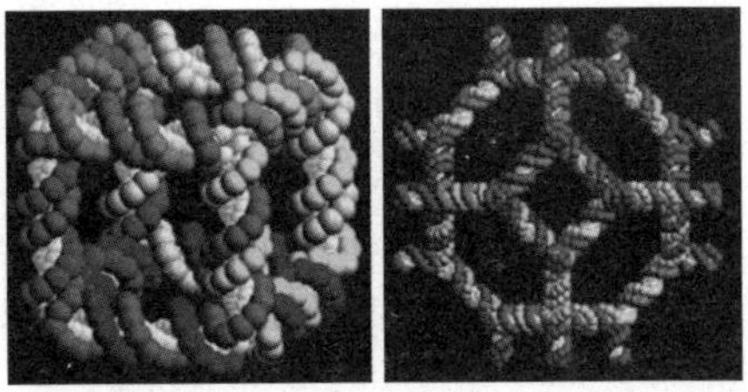

◆纳米材料

◆操纵原子

至此，白春礼及其团队已不满足于只是观察原子，而是发出了“改造原子”的宣言，于是 STM 神奇功力从单纯的观察扩展到对原子结构进行“手术”，操纵原子的技术为造出新型的计算机芯片打开了通道。

2001 年 10 月 4 日，国际化学工业协会授予白春礼 2001 年度“国际奖章”，以表彰他在纳米科学领域的杰出贡献和为国际科学技术交流与合作所发挥的领袖作用。白春礼是继中国化学家侯德榜因发明工业制碱法于 1943 年获“荣誉会员”奖之后，第二位获该奖的中国科学家。

美　国

美国自 2001 年正式实施国家纳米技术计划（NNI）以来，其纳米科技无论在基础研究还是在应用研究和产品开发方面都取得了长足的进步。2004 年，美国加大力度执行该计划，并制定了新的战略目标：到 2010 年要培养 80 万纳米科技人才，确保美国在 21 世纪上半叶占据纳米科技发展的领导地位。新目标强调：纳米基础研究与应用研究要并重发展，加强跨学科的交流与合作；在应用研究方面，优先项目的安排应体现国家利益需求与产业驱动的特点；利用国家实验室、大学和工业界等科研优势进行联合攻关，联邦政府侧重于支持、引导和组织协调；注重与其他技术领域发展计划的协调，特别是纳米技术与信息技术、生物技术的交叉融合；重视基础设施及纳米技术人才队伍的建设；注重促进研究成果向创新技术转化。美国纳米技术的应用研究在半导体芯片、癌症诊断、光学新材料和生物分子追踪等领域快速发展。

广角镜——网上查纳米资料

1. 去搜索网站；

2. 搜索："美国纳米科技"，这时你将会发现许多关于纳米技术的政策以及纳米技术的进展情况。

3. 分析这些资料，说说中国与美国纳米科技现状的差别，有哪些方面中国需要借鉴美国的经验？

日　本

日本纳米技术的研究开发实力强大，某些方面处于世界领先水平，但尚未脱离基础和应用研究阶段，距离实用化还有相当一段路要走。在纳米技术的研发上，日本最重视的是应用研究，尤其是纳米新材料研究。除了碳纳米管外，日本开发出多种不同结构的纳米材料，如纳米链、中空微粒、多层螺旋状结构、富勒结构套富勒结构、纳米管套富勒结构、酒杯叠酒杯状结构等。

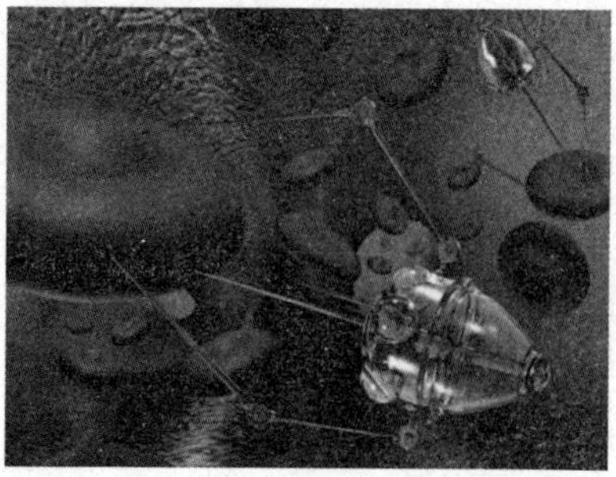

◆可检测癌症早期症状的传感器

◆纳米材料

日本高度重视开发检测和加工技术。目前广泛应用的扫描隧道显微镜、原子力显微镜、近场光学显微镜等的性能不断提高，并涌现了诸如数字式显微镜、内藏高级照相机显微镜、超高真空扫描型原子力显微镜等新产品。科学家村田和广成功开发出亚微米喷墨印刷装置，能应用于纳米领域，在硅、玻璃、金属和有机高分子等多种材料的基板上印制细微电路，是世界最高水平。

日本企业、大学和研究机构积极在信息技术、生物技术等领域内为纳米技术寻找用武之地，如制造单个电子晶体管、分子电子元件等更细微、更高性能的元器件和量子计算机，解析分子、蛋白质及基因的结构等。不过，这些研究大多处于探索阶段，成果为数不多。

日本是开展纳米技术基础和应用研究最早的国家。1981年，日本科学技术厅（现改为文部科学省）就推出了“先进技术的探索研究计划”，研究内容绝大部分是纳米技术的前沿课题。

欧　盟

欧盟在纳米科学方面颇具实力，特别是在光学和光电材料、有机电子学和光电学、磁性材料、仿生材料、纳米生物材料、超导体、复合材料、医学材料、智能材料等方面的研究能力较强。

知识窗

欧洲联盟，简称欧盟，总部设在比利时首都布鲁塞尔，是由欧洲共同体发展而来的，主要经历了三个阶段：荷卢比三国经济联盟、欧洲共同体、欧盟。欧盟是一个集政治实体和经济实体于一身、在世界上具有重要影响力的区域一体化组织。

令人叹为观止的世界最小——组图赏析

◆理查德·费曼

一直以来，人类可以用小的机器制作更小的机器，最后，将通过逐个地排列原子，制造产品。这是著名物理学家诺贝尔奖获得者理查德·费曼1959年对纳米技术的最早梦想。从此，人类就开始了对纳米世界的探求。今天，让我们来一睹这些“世界最小”的容颜，请不要惊呼，是的，它们给我们带来了前所未有的震撼……

世界最小的计算机

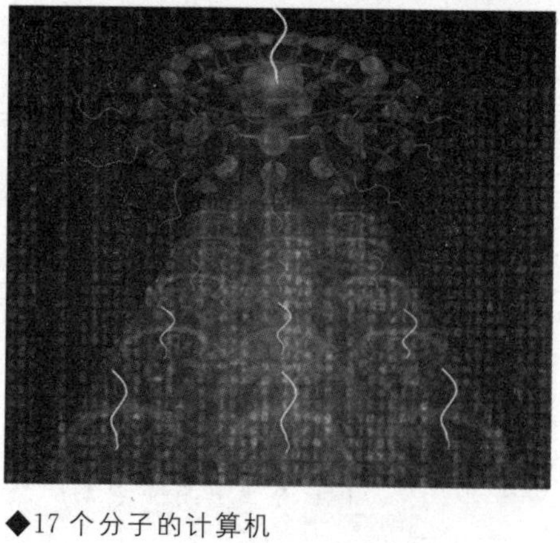

◆17个分子的计算机

日本国立材料科学研究所的安尼尔班·班德亚帕德耶博士这样形容四甲基对苯醌：“它看上去就像小汽车。”他通常会在特殊的电子显微镜下研究这种有机物分子。在镜头下，这辆“小汽车”拥有六边形苯环组成的“车身”，有4个圆锥体模样的碳氢“车轮”连接其上，而整个分子直径小于1纳米，比可见光的波长还要小数百倍。班德亚帕德耶希望用17个这样的分子拼凑出一部计算机。

世界上最小的计算机仅有17个分子！17个四甲基对苯醌分子是它的全部零件。这个世界上最小的计算机有望让一切纳米装置具备智能。人们设想将它装入纳米机械“盔甲”，注入人的血液，成为与癌细胞战斗的“钢铁侠”。

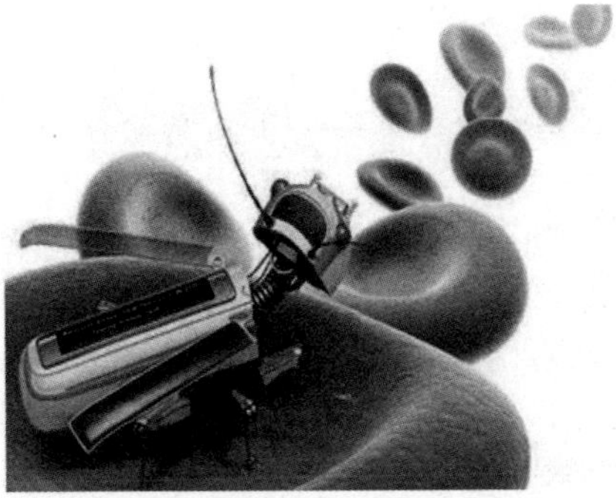
◆纳米智能机器人

世上最小汽车

美国赖斯大学的科学家在2007年10月份率先研制出世界上第一辆纳米汽车。和真正的汽车一样，这辆“纳米车”拥有能够转动的轮子。只是它们的体积如此之小，直径只有4纳米，还不到人头发丝直径的万分之一。甚至即使有两万辆纳米车并列行驶在一根头发上也不会发生交通拥堵。不过纳米车虽小，却也是五脏俱全，它也拥有底盘、车轴等基本部件。其轮子是用60个碳原子组成足球状单一分子。这使得纳米车在外观上，看起来像哑铃。它利用一种三合体作轴，连接每个轮子的轴都能独立转动，使得这种车能够在凹凸不平的原子表面行进。

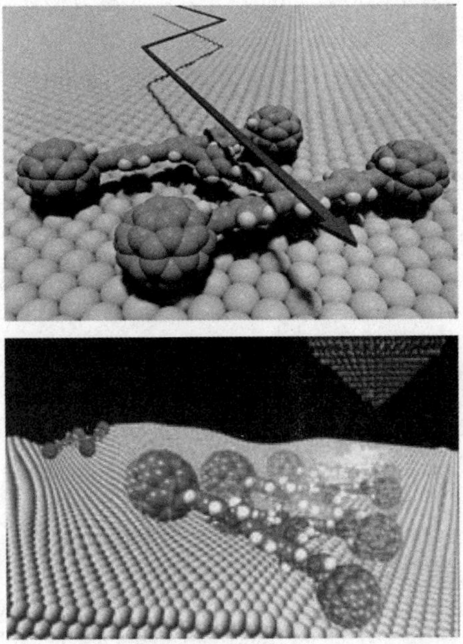
◆纳米车

点击——美国赖斯大学

1892年由得克萨斯州棉花巨富威廉·马歇尔·莱斯（William Marshall Rice）创建的莱斯大学（Rice University），位于美国南方宁静的得克萨斯州休斯敦市郊，为美国南方最高学府，离市中心仅4.8千米车程。

◆莱斯大学

莱斯大学曾与其他两所大学，北卡罗来纳州的杜克大学（Duke University）、弗吉尼亚州的弗吉尼亚大学（University of Virginia）齐名，号称为南方哈佛（The Harvard of the South）。

莱斯大学多年来以工程、管理、科学、艺术、人类学闻名，以高水平的教学、低廉的学费，吸引了不少家庭经济条件不是很好的学子前来求学，并且提供了213个体育项目方面的奖学金，并有60个名额保证给女性同胞们。

微观图大赛的获胜作品

2005年，第49届电子束、离子束、光子束技术国际大会暨纳米制造奇异与美丽之物微观图大赛组委会收到41幅入围作品，其中很多作品给人留下深刻印象。作品涉及广泛的领域，包括微机械、光子学、集成电路制

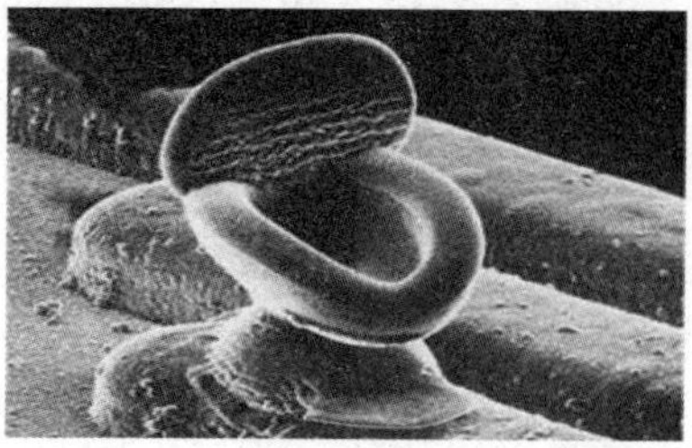
◆世界最小马桶

◆全球规模最小网站

造、化学、干式蚀刻、激光光学、纳米碳管结构、纳米碳管生长实验、生物样本、材料学实验、电子束、离子束、X光和微光成型实验等，微观图大赛的作品全部由电子束、离子束、光子束和纳米技术创作。

◆表面刻有微型字母的硅片

世界上最小的马桶是“最奇特之物”微观图大赛的获胜作品。

www.guimp.com可能是全球规模最小网站，所有的内容只在页面当中这个1818像素的方框中显示。

小　结

随着纳米微型机器从概念原型走向现实成品，其大批量生产已成为可能。作为纳米机器的重要组成部分，包括纳米齿轮、纳米发动机以及其他微型部件在内的各种纳米微颗粒的大规模生产，是纳米机器能够大量进入主流市场的前提。

◆经过放大的微型纳米字母

美国加利福尼亚大学洛杉矶分校纳米技术实验室的研究人员预估，未来全球市场对纳米微颗粒产品的需求量将可能高达10亿颗左右。纳米技术实验室正准备使用微芯片技术制造的常规机器来大规模生产纳米微颗粒。据实验室负责人托马斯·梅森教授介绍，他们已经对生产流程的可行性进行了实验论证和详细阐述，最终目标是实现纳米微颗粒产品的大批量生产。未来，这种世界最小说不定会让我们觉得司空见惯无处不在哦！现在，展开你想象的翅膀，任意飞翔吧！

想一想议一议

随着纳米科技的发展，越来越多的“世界最小”呈现在人们面前。世界最小汽车、世界最小马桶、世界最小网站……这些我们都已经一一介绍过。那么，你还知道哪些“世界最小”呢？无论是你从新闻还是报纸还是书籍里面知晓的，都请谈一谈，议一议！

拓展思考

1. 到网上查一查，还有哪些纳米级别的“世界最小”？
2. 科学家是怎么操纵单个分子的？
3. 微观摄影是怎么进行的？
4. 看了这么多图片，谈谈你的观后感？

借一双慧眼把你看清楚

——显微观测

怎么把视界放宽？
怎么把微观看透？
怎么能把你解析透彻？
你，是世界的存在，
可是，我拿什么去把你看清楚？
请，借我一双慧眼吧，
让我把你看得清清楚楚、明明白白、真真切切！

前情回顾
——显微镜的发展历程

◆显微镜下的雪花

仅用肉眼，我们就已经揭开了大自然的许多奥秘。然而，显微镜把一个全新的世界展现在人类的视野里，我们怀揣着惊喜，欣赏显微镜给我们带来的秘密和美景。这是一个人们以前无法想象的迷人世界——微观世界，它就那么真真切切地展现在我们眼前了：沙粒成为闪烁的水晶，池塘中的一滴小水珠里挤满了密密麻麻的微生物，一株刺毛荨麻就是一个微型注射器，家蝇的腿像经过精密设计的捕捉器……人们第一次看到了数以百计的“新的”微小动物和植物，以及从人体到植物纤维等各种东西的内部构造。显微镜不仅仅是研究仪器，它还是引导初学者进入微观世界的阶梯，它还是科学家发现新物种的帮手，它也是医生治疗疾病的有效眼睛……

最早的显微镜

显微镜是由一个透镜或几个透镜的组合构成的一种光学仪器，是人类进入原子时代的标志。主要用于放大微小物体使之为人的肉眼所能看到。显微镜分光学显微镜和电子显微镜。这节我们主要讲的是光学显微镜。最

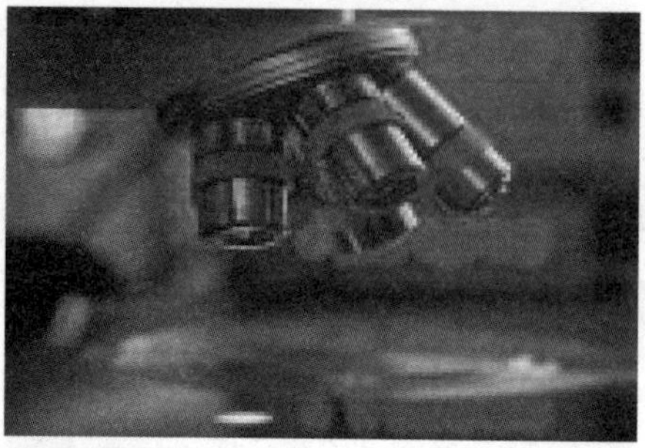

◆显微镜

早的光学显微镜是16世纪末期在荷兰制造出来的，是荷兰密得尔堡一个眼镜店的老板詹森和他的父亲罕斯发明的。他们的显微镜是用一个凹镜和一个凸镜做成的，制作工艺算是比较粗糙。但是，詹森虽然是发明显微镜的第一人，却并没有发现显微镜的真正价值，所以詹森的发明并没有引起世人的重视。

轶闻趣事——偶然的发现

1590年，一个晴朗无风的早晨，詹森在楼顶上闲玩。无意中，他把两片凸玻璃片装到一个金属管子里，并用这个管子去看街道上的建筑物，奇怪的事情发生了，教堂高塔上大公鸡的雕塑比原来大了好几倍，这个意外的发现，使詹森兴奋起来，他高兴地跑下楼去，把父亲也拉上楼来观看，一起和他分享这种新发现带来的愉快。詹森父子俩抓住这个偶然的发现，认真思索，反复实践，用大大小小的凸玻璃片做各种距离不等的配合，终于发明了世界上第一台显微镜。但是人们只是把它当作玩具，并没有把它应用在科学研究上。

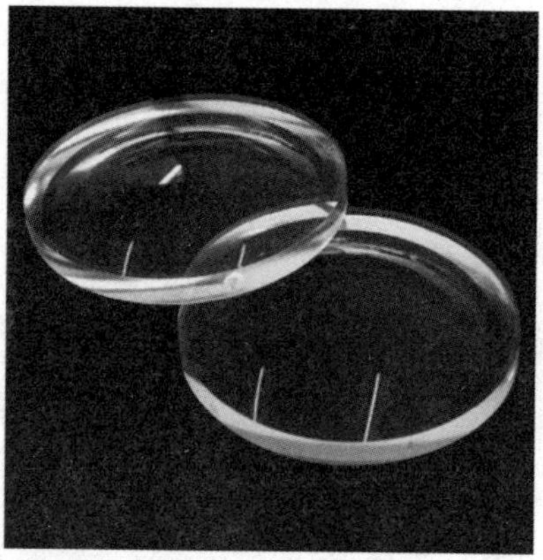

◆凹凸透镜

伽利略把显微镜付诸应用

1609年，意大利科学家伽利略听说荷兰有人发现用相隔一定距离的两个玻璃透镜可以放大远方的物体，他经过不断地思考与创新，最终用风琴管和凸凹透镜制成了望远镜，放大倍率由起初的3提高到了33，并在此基础上制成了望远镜和显微镜，分别用来观察天体和微观物体。1610 年前后，他用复式显微镜研究昆虫，观察到了昆虫的复眼。这是科学发展史上的一个重要的里程碑，人们开始用自己发明的工具观察物质的宏观和微观世界。伽利略是最早把这种显微镜用于科学研究工作的人。

◆伽利略

1665 年，罗伯特·胡克创造的复式显微镜是早期最出色的显微镜。他用一个半球形单透镜作为物镜，一个平凸透镜作为目镜。它有一根内装透镜的简易皮管，镜筒长 15 厘米，可以拉长，底下有灯用来照明，灯上附装有一个灌满水的玻璃球用来把光聚焦到物体上。

伽利略用天文望远镜，发现了月球表面的凹凸不平，发现了木星的四颗卫星，为哥白尼学说找到了确凿证据。伽利略的诸多发现，开辟了天文学的新时代。

列文虎克和他的显微镜

1632 年，列文虎克出生于荷兰的德尔夫特市，虽然他没有接受过正规的科学训练，但他对新奇事物充满强烈的好奇心。当他听说阿姆斯特丹的眼镜店可以磨制放大镜，用放大镜可以把肉眼看不清的东西看得很清楚时，他对这个神奇的放大镜充满了好奇心。但是因为价格太高他买不起，于是他经常出入眼镜店，认真观察磨制镜片的工作，暗暗地学习磨制镜片

◆列文虎克

的技术。功夫不负苦心人，终于，列文虎克于1665年制成了一块直径只有0.3厘米的小透镜。他做了一个架，把这块小透镜镶在架上，又在透镜下边装了一块铜板，上面钻了一个小孔，使光线从这里射进而反照出所观察的东西。这样，列文虎克制成了第一台显微镜。他不断地追求完美，终于，他制出了能把物体放大300倍的显微镜。

轶闻趣事——列文虎克的研究工作

1675年的一个雨天，列文虎克从院子里舀了一杯雨水用显微镜观察。他发现水滴中有许多奇形怪状的小生物在蠕动，而且数量惊人。在一滴雨水中，这些小生物要比当时全荷兰的人数还多出许多倍。以后，列文虎克又用显微镜发现了红细胞和酵母菌。这样，他就成为世界上第一个微生物世界的发现者，被吸收为英国皇家学会的会员。显微镜的发明和列文虎克的研究工作，为生物学的发展奠定了基础。

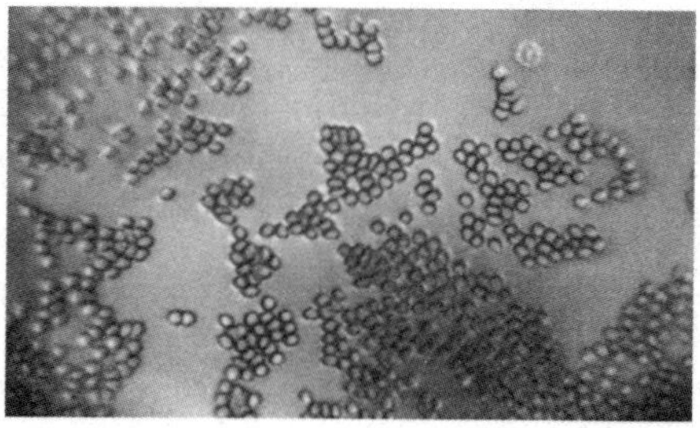

◆列文虎克设计的显微镜观察到的人血涂片

光学显微镜的结构

◆列文虎克设计的显微镜

普通光学显微镜的构造主要分为三部分：机械部分、照明部分和光学部分。

机械部分主要是指：镜座、镜柱、镜臂、镜筒、物镜转换器、镜台以及调节器。其中，调节器又分为粗调和细调两种。一般的光学仪器中需要调节的部分都会分粗调和细调两种，使得在调节的过程中不

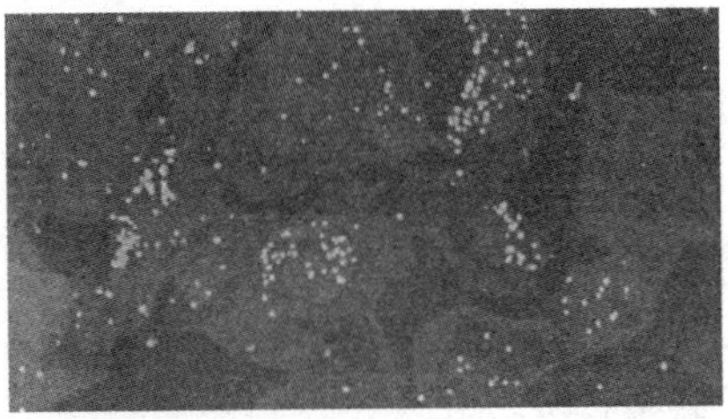

◆显微镜下的癌细胞

会一下子调节得幅度太大而影响结果或者损坏仪器。

照明部分装在镜台的下方，它包括反光镜和激光器。反光镜可以任意方向转动，有平和凹两面，凹面镜聚光作用强，适合光线弱的时候用，平面镜适合光线强的时候用。这跟我们用相机照相是一个道理，天色暗的时候我们可以开启灯光，而光线强的时候没有必要。它可以将光源光线反射到聚光器上，再经过通光孔照明标本。

光学显微镜主要由目镜、物镜、载物台和反光镜组成。目镜和物镜都是凸透镜，焦距不同。物镜相当于投影仪的镜头，物体通过物镜成倒立、放大的实像。

光学部分就是我们熟悉的目镜和物镜部分了。目镜装在镜筒的上端，上面刻有5、10或15符号以表示其放大倍数，一般装的是10的目镜。物镜装在镜筒下端的旋转器上，一般有3～4个物镜。

光学显微镜如何保养

我们知道，光学仪器的保养是很重要的，那么，让我们看看显微镜是如何保养的。

（1）严格遵照有关操作规则使用显微镜，避免因使用不当造成损坏。

（2）显微镜在存储和使用过程中，普遍存在生霉起雾的现象，霉和雾会使显微镜的视场模糊，分辨率下降。为了使显微镜保持更好的使用状态，延长寿命，显微镜的工作环境要保持清洁干燥和防尘。

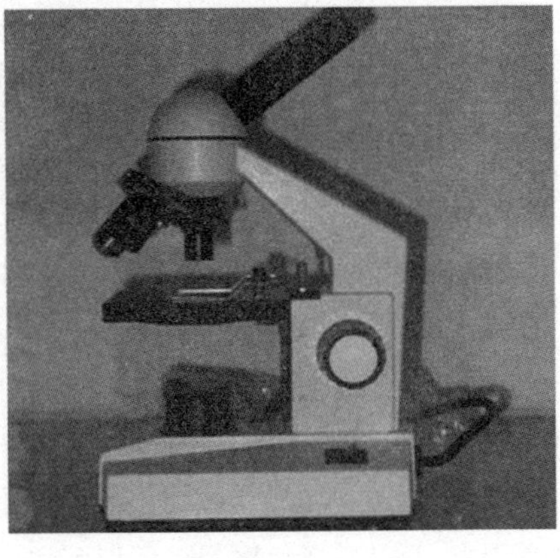

◆现代光学显微镜

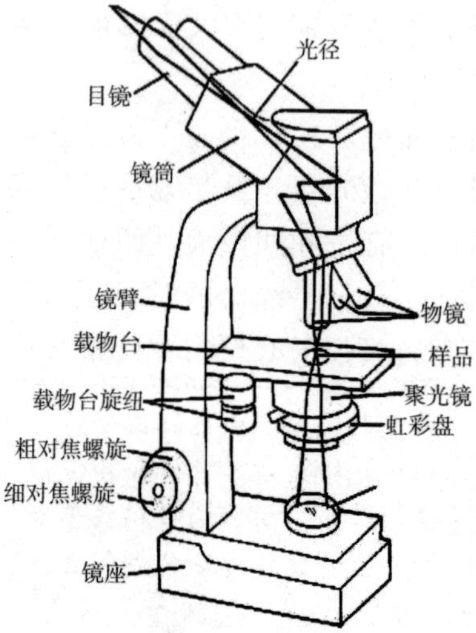

◆光学显微镜结构

(3) 显微镜每次使用后做好清洁工作。特别是目镜和物镜。

(4) 显微工作室最好能够安装空调、抽湿及防尘装置。

(5) 如发现光学部件内部生霉现象，应及时联系厂家。

之前的显微镜都属于光学显微镜。1931年，恩斯特·鲁斯卡通过研制电子显微镜，使生物学发生了一场革命。这使得科学家能观察到像 10^{-6} 毫米那样小的物体。1986年他被授予诺贝尔物理学奖。再后来，扫描隧道显微镜、原子力显微镜等相继出现，显微镜技术再次步上一个新台阶，将人类带到了更加不可思议的微观世界！

拓展思考

1. 你认为显微镜最突出的贡献是什么？
2. 你觉得光学显微镜和电子显微镜有什么区别？
3. 你从列文虎克身上看到了哪些成功人士应具备的品质？
4. 发挥你的想象力，如果你有一台显微镜，你会用它来做什么？

明察秋毫——电子显微镜

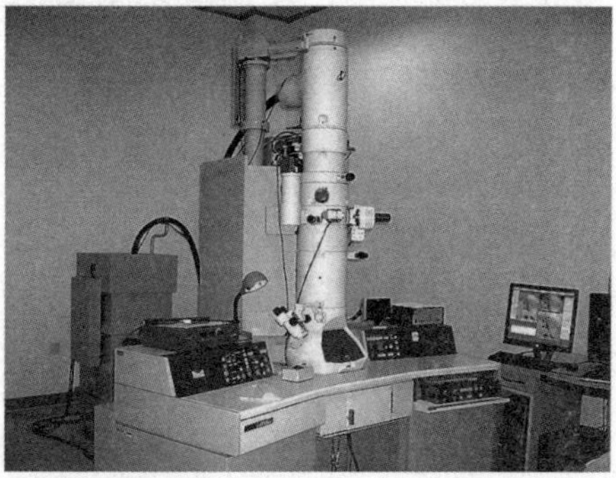
◆电子显微镜

在很多材料上，人们追求的是尺寸越来越小，在视野上也是如此，人们希望看到以前看不到的东西，希望欣赏以前欣赏不到的画面，希望看到原子，希望看到细胞，希望看到所有微小的存在？人的愿望的实现总是建立在人们不断的探索和努力的基础上的，自从有了它，人们的视野更进一步地投向更微小的存在，自从有了它，人们还能进行形态定量及元素成分的定性、半定量研究，自从有了它，临床医学又多了张王牌……

它，就是电子显微镜！

概念与分类

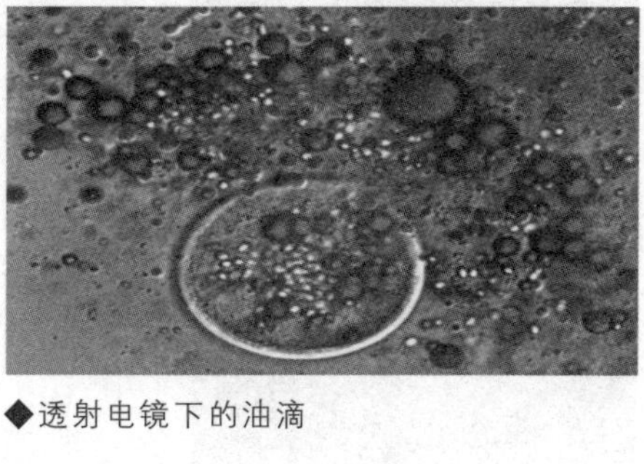
◆透射电镜下的油滴

电子显微镜，也简称为电镜，是一种高精密度的电子光学仪器，它是根据电子光学原理，用电子束和电子透镜代替光束和光学透镜，使物质的细微结构在非常高的放大倍数下成像的仪器。它具有较高分辨本领和放大倍数，是观察和研究物质微观结构的重要工具。按成像原理可以分为透射电子显微镜和扫描电镜。

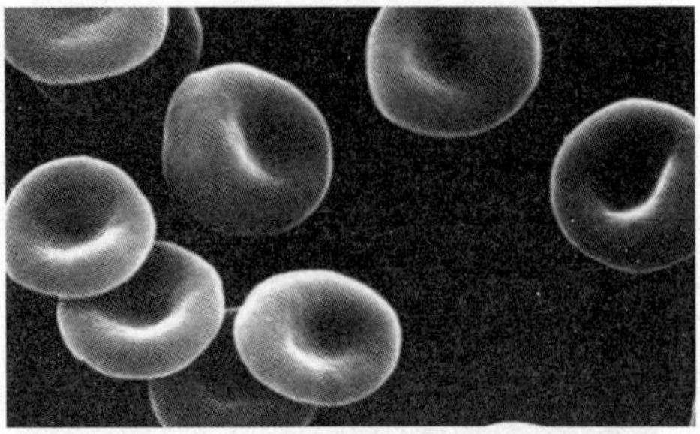
◆扫描电镜下的正常红细胞

透射电镜与扫描电镜又有什么区别呢？透射电镜是由电子枪产生电子束并聚焦到样品上，电子束必须穿透样品，经各级电子透镜放大显示在荧光屏上成像，它得到的图像是二维的，会看到表面的图像，同时也能看到内层的现象，跟我们拍的X光片有点儿相似，内脏骨骼等都可以重叠着显现出来，它可以观察细胞内部的超微结构。也就是说，透射虽然能看见内部但不是立体的。

电子显微镜的分辨能力以它所能分辨的相邻两点的最小间距来表示。

扫描电镜是由电子枪产生电子束并聚焦到样品，电子束不穿过样品，仅在样品表面扫描，激发产生二次电子信号成像，它观察物体表面的立体微细形貌，相当于对物体的照相，得到的是表面的立体三维图像，即扫描立体但不能看见内部，只是局限于表面。

小贴士——电子显微镜的发展史

◆鲁斯卡

1931年，德国的克诺尔和鲁斯卡，用冷阴极放电电子源和三个电子透镜改装了一台高压示波器，并获得了放大十几倍的图像，证实了电子显微镜放大成像的可能性。

1932年，经过鲁斯卡的改进，电子显微镜的分辨能力达到了50nm，约为当时光学显微镜分辨本领的10倍，于是电子显微镜开始受到人们的重视。

20世纪40年代，美国的希尔用消像散器补偿电子透镜的旋转不对称性，使电子显微镜的分辨本领有了新的突破，逐步达到了现代水平。

在中国，1958年研制成功透射式电子显微镜，其分辨本领为3纳米，1979年又制成分辨本领为0.3纳米的大型电子显微镜。

优劣势

电子显微镜的分辨本领已远胜于光学显微镜，目前，电子显微镜最大放大倍率已超过300万倍，而光学显微镜的最大放大倍率约为2000倍，真是天差地别！尽管电子显微镜有放大更多倍的优势，但是，电子显微镜必须在真空条件下工作，所以很难观察活的生物，而且电子束的照射也会使生物样品受到辐照损伤。再就是，电子枪亮度和电子透镜质量的提高等问题也有待进一步研究。

电子显微镜在样品制备上也与光镜有很大区别，透射电镜样品必须用钻石刀进行超薄切片，因为电子束只能穿透几十纳米厚的超薄切片，扫描电镜需干燥和真空镀膜，以提高生物样品的导电性。

应　用

电子显微镜已经被广泛地用于工业、农业、地质、医学、生物等各个领域。

电子显微镜不仅可以进行超微结构观察，而且还能进行形态定量及元素成分的定性、半定量研究。

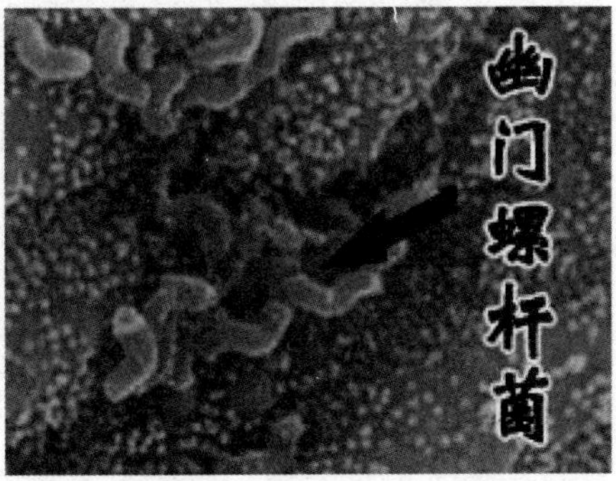

◆幽门螺杆菌

电子显微镜还在一些临床疾病发现中有重大贡献，电镜下正常的胃粘膜上皮细胞胞膜完整，在胃炎和胃溃疡表面我们发现了这种毛毛虫样的结构——幽门螺杆菌，它是疾病的罪魁祸首。澳大利亚的两位科学家于1982年在电镜下发现了这种结构，并做了相关研究，于2005年获得了诺贝尔奖。

小 知 识

幽门螺杆菌

幽门螺杆菌是胃部杀手，它在人的胃内长期大量繁殖，可导致终生感染并引起胃炎，从而造成胃溃疡久治不愈。同时，它又具有较强的传染性。世界范围大规模流行病学调查证实，幽门螺杆菌在人群中的感染率可高达50%以上，而家庭集聚性的感染传播又是幽门螺杆菌的重要感染途径。

图片赏析

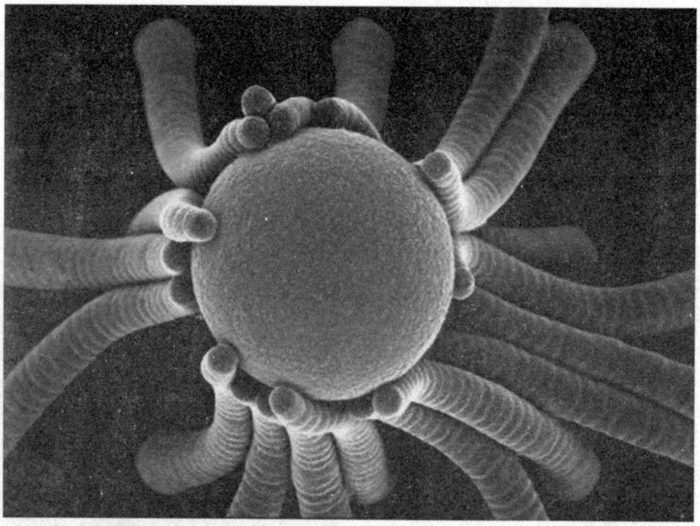

◆电子显微镜拍摄的纳米纤维

这是“2009年科学影像比赛”获奖作品。作品名字是《拯救地球！让我们走向绿色》，该作品作者用电子显微镜拍摄了塑料纳米纤维聚集在聚苯乙烯球旁的情景。是不是很逼真啊？真的像是很多的手小心地呵护着一个地球。

◆花一样

花状的照片是北卡罗来纳大学研究小组的作品，这是在只有一万分之一大小的高分子柱上，掉入人类细胞后，高分子像花一样裂开盛放的情景。

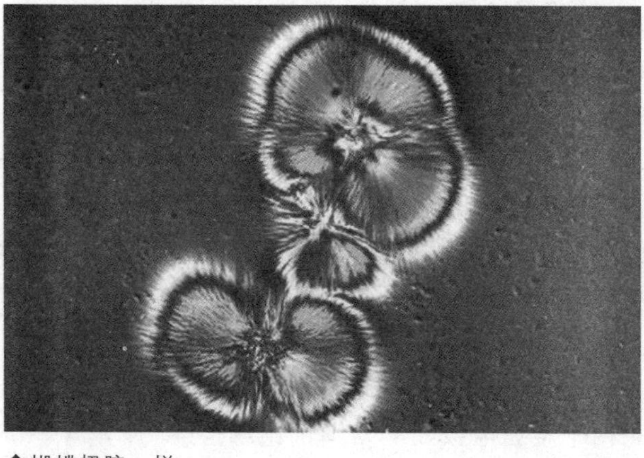

◆蝴蝶翅膀一样

威斯康星大学化学家迈克尔·扎克在盐样本上滴入一滴水后，用显微镜拍摄到像蝴蝶翅膀一样的梦幻般的图像。

隧道效应的成就者 ——扫描隧道显微镜

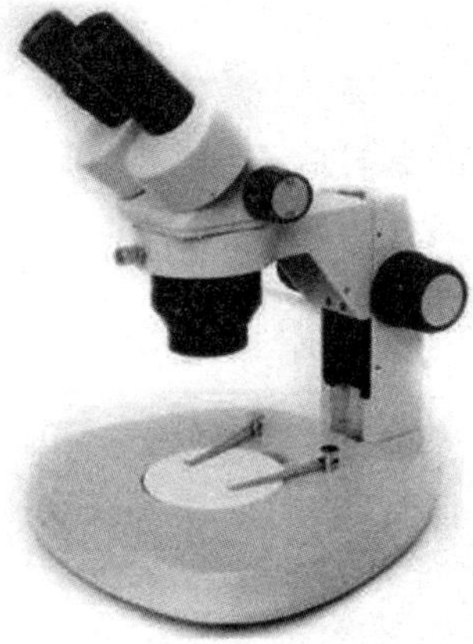
◆扫描隧道显微镜

隧道效应是什么？隧道效应是微观世界的一种量子效应。扫描隧道显微镜是什么？扫描隧道显微镜是利用隧道效应制造的一种显微镜。扫描隧道显微镜的工作原理是什么？有几种工作方式？相对于其他显微镜，它有什么优势呢？再者，它有哪些方面的应用呢？怀揣着这些问题，让我们一起来学习，然后一一解答……

隧道效应

隧道效应，又称势垒贯穿。当运动的粒子遇到一个高于粒子能量的势垒时，按照经典力学，粒子是不可能越过此势垒的，即透射系数等于零，粒子将完全被弹回。但是按照量子力学可以解出，粒子除了在势垒处的反射外，还有透过势垒的波函数，在势垒的另一边，粒子具有一定的概率，这表明粒子可以贯穿势垒。如果两个金属电极用非常薄的绝缘层隔开，在极板上施加电压，电子则会穿过绝缘层，这个现象称为隧道效应。

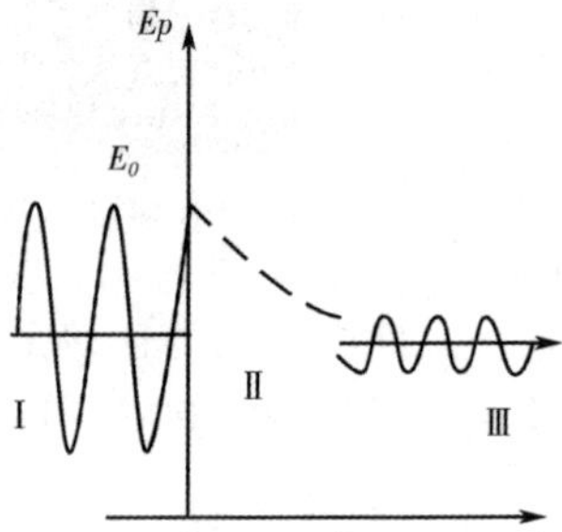

◆隧道效应示意图

理论计算表明，当电子和势垒的能量都是几电子伏时，势垒宽度为 1 埃时，粒子的透射概率为零点几；当势垒宽度为 10 埃时，粒子透射概率减小到 10^{-10} 了，已经微乎其微。由此可见，隧道效应是一种微观世界的量子效应，在一般的宏观实验中，很难观察到粒子隧穿势垒的现象。

扫描隧道显微镜

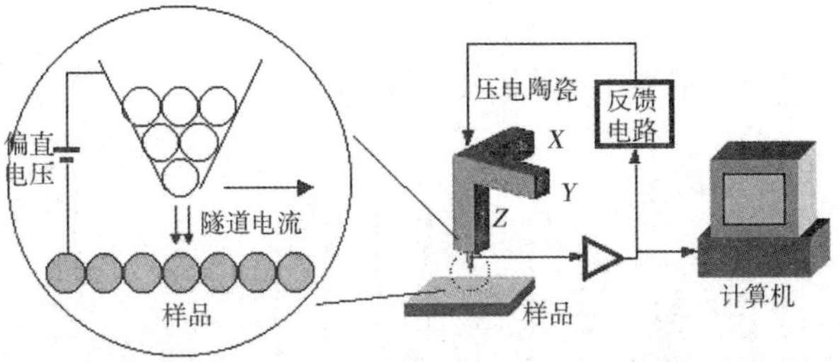

◆扫描隧道显微镜结构图

◆一张扫描隧道显微镜图

扫描隧道显微镜，英文缩写为STM，也称为“扫描穿隧式显微镜”或“隧道扫描显微镜”，是20世纪80年代初期出现的一种利用量子理论中的隧道效应探测物质表面结构的新型表面分析工具。它是三维扫描的。扫描隧道显微镜的工作原理是：用一个极细的针尖（针尖头部为单个原子）去接近样品表面，当针尖和样品表面靠得很近（小于1纳米）时，若在针尖和样品之间加上一个偏压，电子便会穿过针尖和样品之间的势垒而形成隧道电流。隧道电流强度对针尖和样品之间的距离有着指数依赖关系，当距离减小0.1nm，隧道电流即增加约一个数量级。因

> 扫描隧道显微镜1981年由格尔德·宾宁及海因里希·罗雷尔在IBM位于瑞士苏黎世的苏黎世实验室发明，两位发明者因此获得了1986年的诺贝尔物理学奖。

此，根据隧道电流的变化，我们可以得到样品表面微小的高低起伏变化的信息，如果同时对 $x-y$ 方向进行扫描，通过计算机处理，就可以直接得到三维的样品表面形貌图。

两种工作方式

扫描隧道显微镜主要有两种工作模式：恒电流模式和恒高度模式。

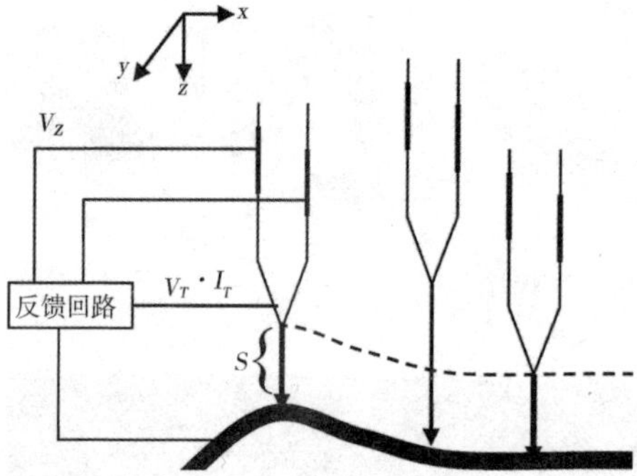

◆恒电流模式

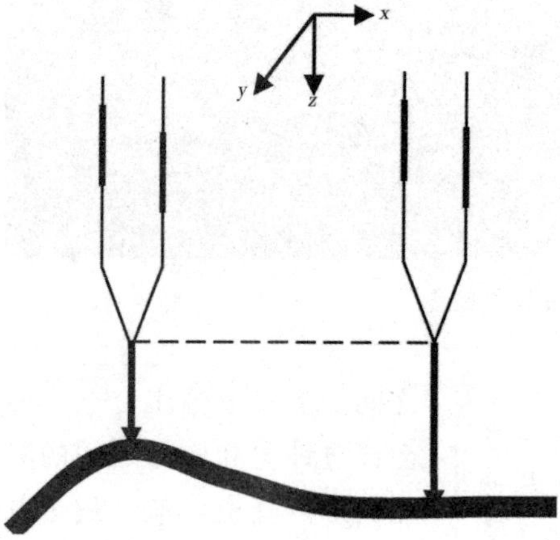

◆恒高度模式

恒电流模式

$x-y$ 方向进行扫描，在 z 方向加上电子反馈系统，初始隧道电流为一恒定值，当样品表面凸起时，针尖就向后退；反之，样品表面凹进时，反馈系统就使针尖向前移动，以控制隧道电流的恒定。将针尖在样品表面扫描时的运动轨迹在记录纸或荧光屏上显示出来，就得到了样品表面的态密度的分布或原子排列的图像。此模式可用来观察表面形貌起伏较大的样品，而且可以通过加在 z 方向上驱动的电压值推算表面起伏高度的数值。

恒高度模式

在扫描过程中保持针尖的高度不变，通过记录隧道电流的变化来得到样品的表面形貌信息。这种模式通常用来测量表面形貌起伏不大的样品。

优 点

扫描隧道显微镜具有一系列特点：

（1）扫描隧道显微镜具有原子级高分辨率，即可分辨出单个原子。

（2）可实时地得到样品表面的三维图像，用于各种表面结构研究。还可用于表面扩散等动态过程的研究。

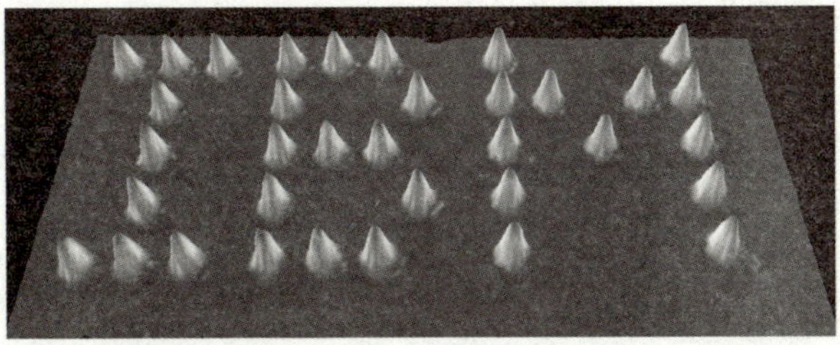

◆35 个惰性气体氙原子组成的“IBM”

小知识

单原子操纵

单原子操纵主要包括三个部分，即单原子的移动、提取和放置。这些技术也是应用单原子操纵在表面上进行原子尺度的结构甚至器件加工所必需的，使用 STM 进行单原子操纵的较为普遍的方法是在针尖和样品表面之间施加一适当幅值和宽度的电压脉冲，一般为数伏电压和数十毫秒宽度。

（3）可观察单个原子层的局部表面结构，直接观察到表面缺陷、表面重构、表面吸附体的形态和位置以及由吸附体引起的表面重构等。

（4）可在真空、大气、常温等不同环境下工作，甚至可将样品浸在水和其他溶液中，不需要特别的制样技术，并且探测过程对样品无损伤。

（5）配合扫描隧道谱，可得到有关表面电子结构的信息，如表面不同层次的态密度、表面电子阱、电荷密度波、表面势垒的变化和能隙结构等。

（6）利用 STM 针尖，可实现对原子和分子的移动和操纵，1990 年，IBM 公司的科学家展示了一项令世人瞠目结舌的成果，他们在金属镍表面

◆铁原子在铜上组成字母

用35个惰性气体氙原子组成“IBM”三个英文字母。这为纳米科技的全面发展奠定了基础。

STM使人类第一次能够实时地观察单个原子在物质表面的排列状态和与表面电子行为有关的物化性质，在表面科学、材料科学等领域的研究中都有着重大的意义和广泛的应用前景，被国际科学界公认为20世纪80年代世界十大成就之一。

你知道吗？

扫描隧道显微镜的最大缺陷是，被观测样品必须是导体或者半导体，而且半导体样品的测量效果明显低于导体。要观察绝缘体则根本无法直接进行，如果在样品表面覆盖导电层，则由于导电层的粒度和均匀性等问题又限制了图像对样品真实表面的分辨率。

拓展思考

1. 扫描隧道显微镜的优势是什么？
2. 扫描隧道显微镜的两种工作模式各有什么优缺点？
3. 列举扫描隧道显微镜在各个领域中的应用。
4. 试述扫描隧道显微镜的发展历史？

原子相互作用的成就者
——原子力显微镜

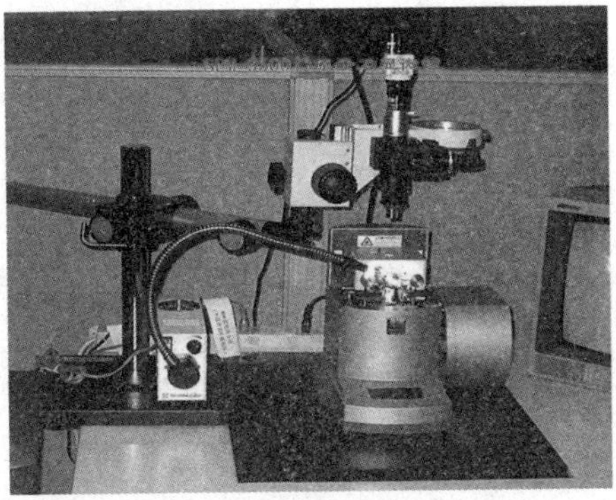
◆原子力显微镜

扫描隧道显微镜使人类第一次能够实时地观察到单个原子在物质表面的排列状态和与表面电子行为有关的物化性质，但是扫描隧道显微镜有个最大的不足，就是它所观察的样品必须具有一定程度的导电性，对于半导体，观测的效果就差于导体的观察效果；对于绝缘体则根本无法直接观察。正是因为有这种缺陷，才激励人们进行更好的创新与发明，宾尼等人1986年研制成功的原子力显微镜可以弥补扫描隧道显微镜这方面的不足……

什么是原子力显微镜

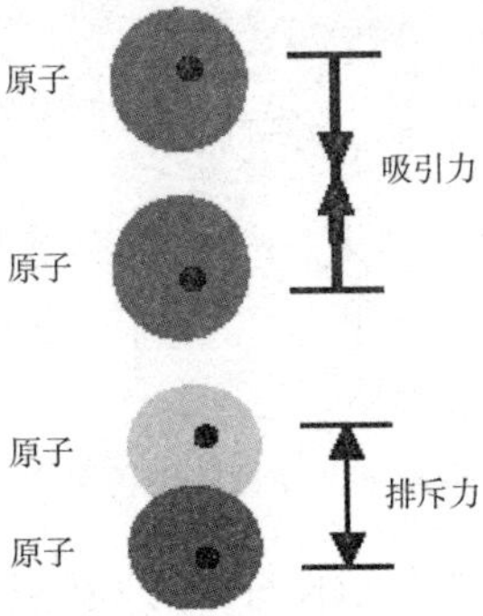

◆原子间引力与斥力

原子力显微镜是继扫描隧道显微镜之后发明的一种具有原子级高分辨率的新型仪器。可对样品进行电性、磁性、纳米微影加工及生物活性分子性质分析，目前的各种扫描式探针显微技术中，以原子力显微镜（AFM）的应用最为广泛。

原子力显微镜是一种利用原子、分子间的相互作用力来观察物体表面微观形貌的新型实验技术。它有一根被固定在可灵敏操控的微米级弹性悬臂上的纳米级探针，当这根探针顶端很靠近样品的时候，探针顶端的原子与样品表面原子间的作用力会使悬臂弯曲，从而偏离原来的位置。根据扫描样品时探针的偏离量或振动频率可以重建样品的三维图像，从而能间接获得样品表面的形貌或分析得到原子成分。

原子间作用力

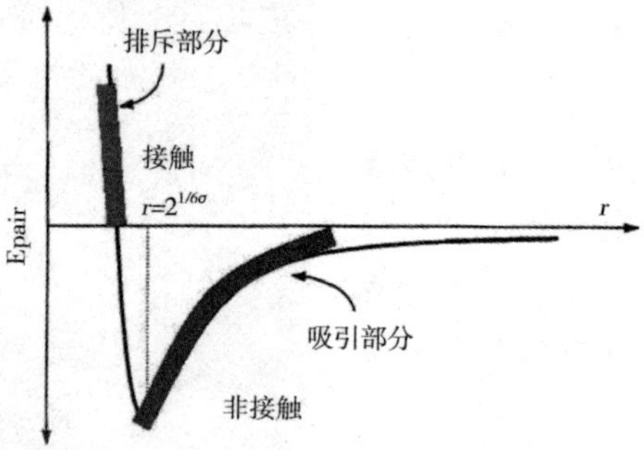

◆原子间作用力

原子力显微镜的结构

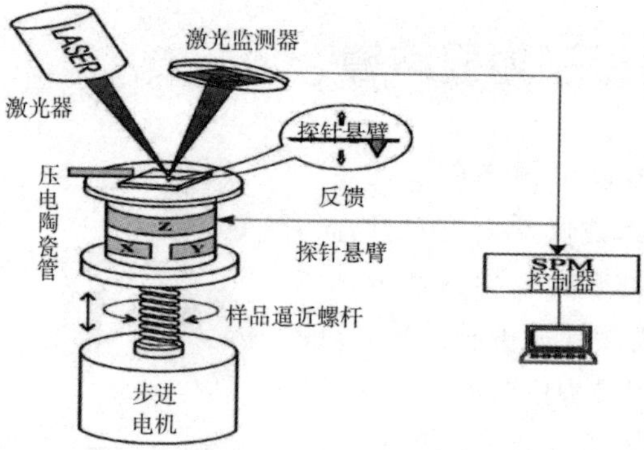

◆原子力显微镜结构图

原子力显微镜主要由带针尖的微悬臂、微悬臂运动检测装置、监控其运动的反馈回路、对样品进行扫描的压电陶瓷扫描器件、计算机控制的图像采集、显示及处理系统组成，如左图所示。原子力显微镜最高分辨率达到 0.01nm，可对样品进行电性、磁性、纳米微影加工及生物活性分子性质分析，是目前纳米研究及纳米材料分析的最重要工具之一。

点击——原子力显微镜的操作模式

常用的原子力显微镜的操作模式主要包括如下三种：

(1) 接触模式：探针和样品直接接触，这是最早的一种操作模式，其缺点是探针容易磨损，因此要求探针较软。

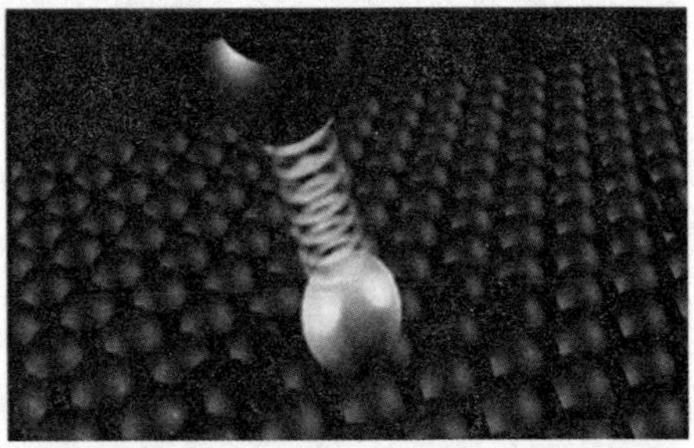

◆科学家测量推动单个原子的力要多大

(2) 非接触式：因为接触模式比较容易损坏探针，所以便有非接触式模式应运而生，非接触式模式是利用原子间的长距离吸引力——范德华力来运作的。非接触模式的探针不与待测物表面接触，只是利用微弱的范德华力对探针振幅改变来回馈。这种模式的缺点是：探针与样品之距离及探针振幅必须严格遵守范德华力原理，因此造成探针与样品之距离不能太远、探针振幅不能太大、扫描速度不能太快等限制。如果样品置放于大气环境下，湿度超过30%时，会有一层5～10nm厚之水分子膜覆盖于样品表面上，造成回馈困难或回馈错误。

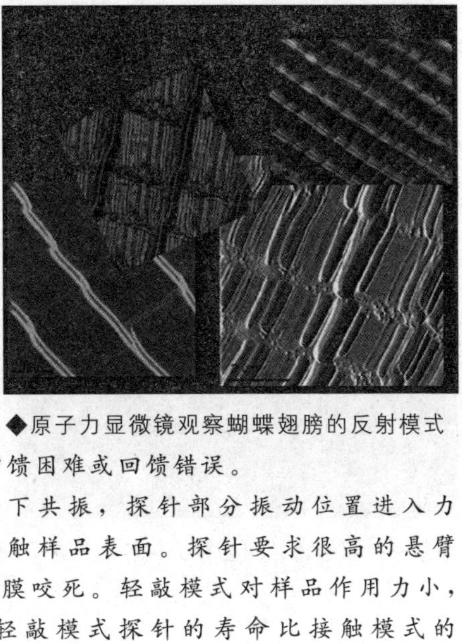

◆原子力显微镜观察蝴蝶翅膀的反射模式

(3) 轻敲模式：探针在外力驱动下共振，探针部分振动位置进入力曲线的排斥区，因此探针间歇性的接触样品表面。探针要求很高的悬臂弹性系数来避免与样品表面的微层水膜咬死。轻敲模式对样品作用力小，对软样品特别有利于提高分辨率。轻敲模式探针的寿命比接触模式的稍长。

原子力显微镜的优缺点

原子力显微镜具有许多优点。首先，它跟扫描隧道显微镜一样，也能

◆原子力显微镜拍摄到的火星土壤颗粒精细照片

提供三维表面图。同时，其相对于扫描隧道显微镜的优点是它可以直接测量绝缘体，不需要对样品作任何特殊处理，因为处理是会对样品会造成不可逆转的损伤的。再者，相对于电子显微镜的运作条件限制，原子力显微镜在常压下甚至在液体环境下都可以良好工作。这样可以用来研究生物宏观分子，甚至活的生物组织。但是，它的缺点是，成像范围太小，速度慢，受探头的影响太大。这些都是有待于继续改进和突破的方面。

展　望

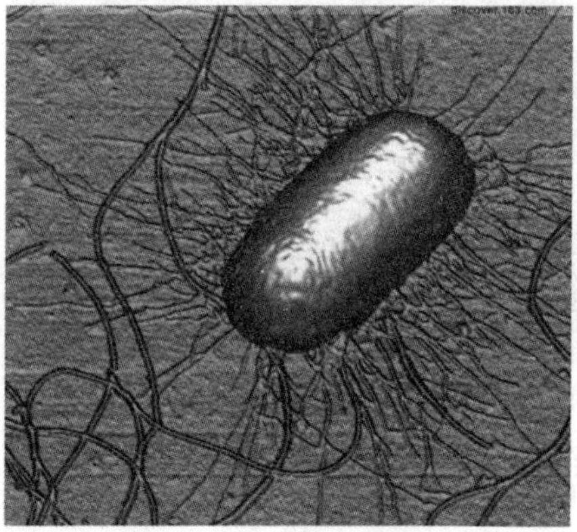

◆原子力显微镜拍摄到的大肠杆菌

由于目前的原子力显微镜的探针寿命短，分辨率也不高等因素，各国都在开发新型探针。新型探针包括碳纳米管修饰探针、纳米材料修饰探针等。我国开展原子力显微镜探针的研究、生产和销售的单位有：哈尔滨工业大学、东南大学（研究型的）、北京五泽坤科技公司（生产销售型）等。我们相信，随着探针研究的进一步深入，原子力显微镜也会有一个更广阔的应用，更美好的未来！

拓展思考

1. 原子力显微镜三种模式的区别有哪些?

2. 概述原子力显微镜有哪些优势?

3. 通过查资料，现实生活中的接触，你还知道原子力显微镜有哪些应用呢?

镜头下神奇的微观世界
——摄影赏析

显微镜发明之前，人类以为自己的视野是完整的，以为眼里看到的一切就是一切；显微镜发明之后，人们才意识到之前的坐井观天。显微镜，将人类带入了一个之前从未进入过的世界，给了人类一双看到微观世界的眼睛。原来，还有一片“世外洞天”！让我们一起来欣赏一下镜头下的神奇微观世界吧！

◆精彩世界

我们欣赏的是获得2009年度维康图片（英国维康信托基金会下属机构）评出的获得医学摄影奖的其中几幅获奖作品：

天堂鸟花的种子

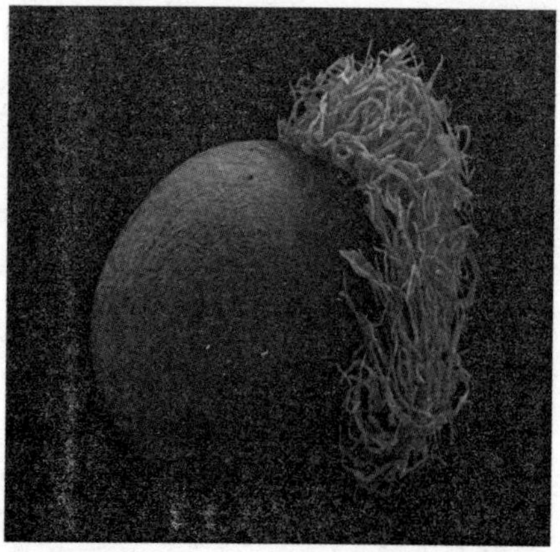

◆天堂鸟花种子

这幅图是天堂鸟花种子的扫描电子显微照片。天堂鸟花又名极乐鸟花，原产非洲南部。当地黑人把它视为“自由、吉祥、幸福”的象征。它喜温暖湿润气候，怕霜雪。它开有非常独特的橙色和蓝色花朵。据了解，摄影师安妮·卡瓦纳最初买来天堂鸟花种子是用来研究水彩画颜料的，但有心的戴夫·麦卡锡用扫描电子显微对其进行观察，并拍摄下这张别有一番味道的美丽照片。

◆美丽的天堂鸟花

◆天堂鸟

显微镜下的药物胶囊

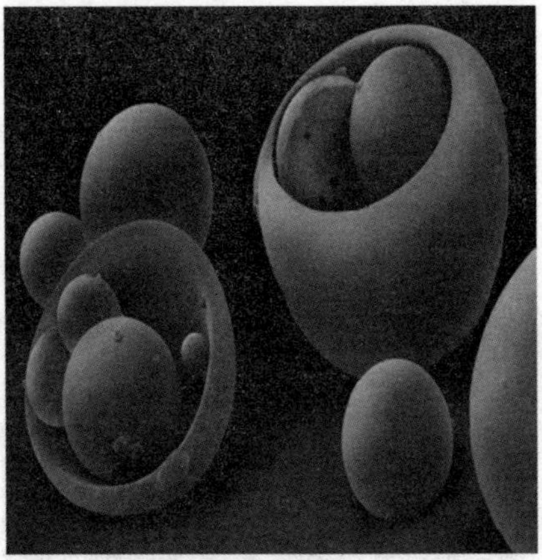

◆显微镜下的药物胶囊

药物胶囊是用共聚物制成的，共聚物又称为共聚体，是由两种或两种以上不同单体经聚合反应而得的聚合物。胶囊负责装载药物微粒。因为聚合物不溶于酸性溶液，所以它们可用于制成药物涂层，从而避免人体吞服药物时药物即在胃中溶化，或者还可以通过缓慢消溶聚合物，达到逐渐释放药物效力，减少服药次数。我国二氧化碳共聚物研究创七项世界第一。右侧的图片是显微镜下的药物胶囊。图中呈蓝色的颗粒是共聚物，负责装载药物微粒，橙色部分就是药物胶囊中的药物微粒了。这种胶囊是脱氢皮质醇药物，用于治疗肠炎。

公牛眼中的毛细血管

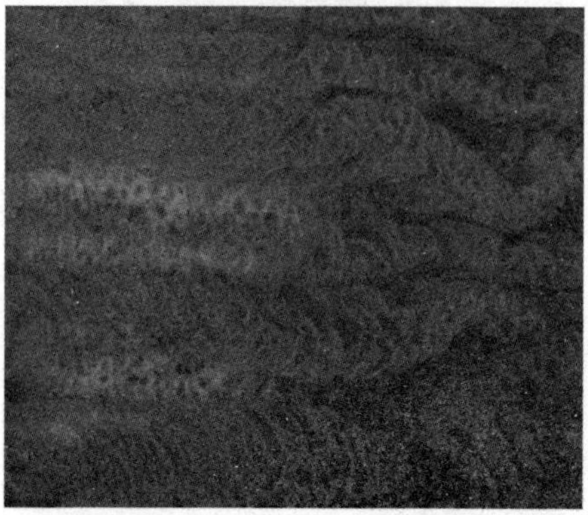

◆公牛眼睛睫状体的毛细血管

这张显微照片是由斯匹克·沃克尔拍摄的。照片拍摄的是一头公牛眼睛睫状体的毛细血管。这些毛细血管能分泌水状液，这些液体为眼球晶体和角膜提供了大部分营养成分。

这张图片是将不同深度拍摄的27张照片合成而得到的，给人以三维图的效果。为了更突出显示公牛眼睛睫状体的毛细血管并更好地进行拍摄，毛细血管中注射了一种不可溶的染料，所以才呈现出我们看到的这种鲜艳颜色。

海洋浮游生物

这是斯匹克·沃克尔拍摄的浮游生物显微照片。拍摄时采用了莱因伯格照明法，凭借有色盘提供的鲜艳色彩，使快速移动的浮游生物在明亮蓝色调下清晰可见。

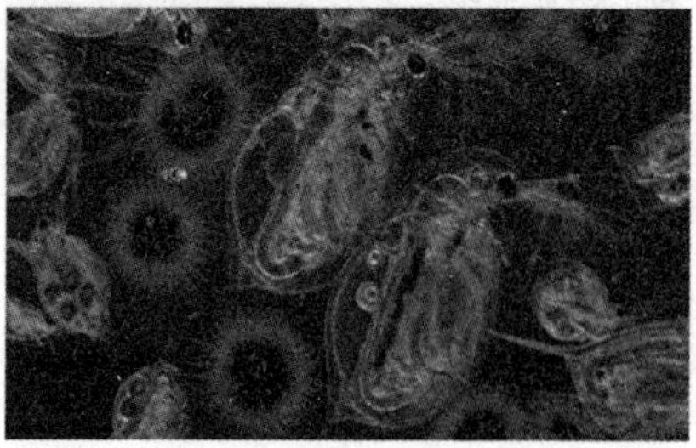

◆海洋浮游生物

◆北极霞水母

海洋浮游生物是非常小的有机生物，悬浮在水层中常随水流移动。这类生物缺乏发达的运动器官，很少或不具备移动能力。海洋浮游生物分为两大类型：浮游植物和浮游动物。浮游植物是植物性浮游生物，在海面以下较浅的水深处漂浮，依靠光合作用获得能量。海洋浮游生物绝大多数个体很小，须在显微镜下才能看清其构造，只有个别种的个体甚大，如北极霞水母最大直径可达 2 米。它们的数量很大，分布较广，几乎世界各海域都有。1887 年，德国浮游生物学家亨森首先采用“Plankton”一词专指浮游生物。该词来自希腊文，意为漂泊流浪。

海洋浮游生物

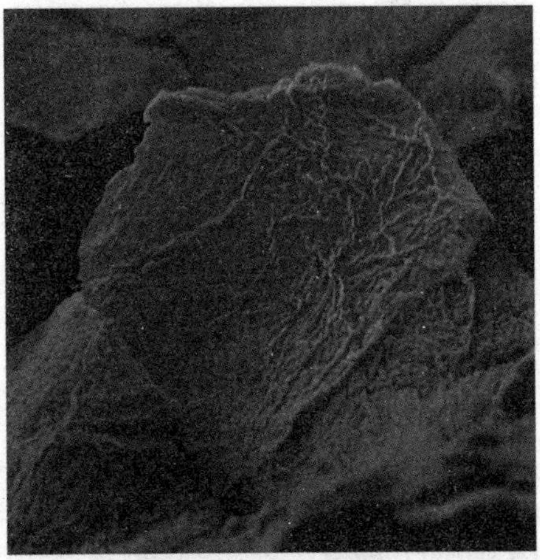
◆烫伤手掌皮肤

这张图片比较贴近生活的现象。这是艺术家安妮·韦斯顿拍摄的自己被烫伤手掌皮肤的显微图像，该照片是在扫描电子显微镜下拍摄的。是不是觉得很震撼？被烫伤的手掌皮肤在显微镜下像是一片片没有了水分的干木片，像是用盐吸干水分的肉片……

安妮·韦斯顿说，好奇心在显微摄影中显得尤为重要，“你永远不知道你将会发现什么。”是的，好奇心就是这么重要！如果对什么都有一颗钻研到底的好奇心，那么，我们每一个人是不是都会有更多的发现和更多的进步呢？你的好奇心有多少呢？

肺癌细胞培基长出的单细胞

这张图是由安妮·韦斯顿拍摄的，也是电子扫描显微照。看起来是不是像是一只绿色的橡皮泥乌龟，背上长了很多疱呢？其实，它显示的是从

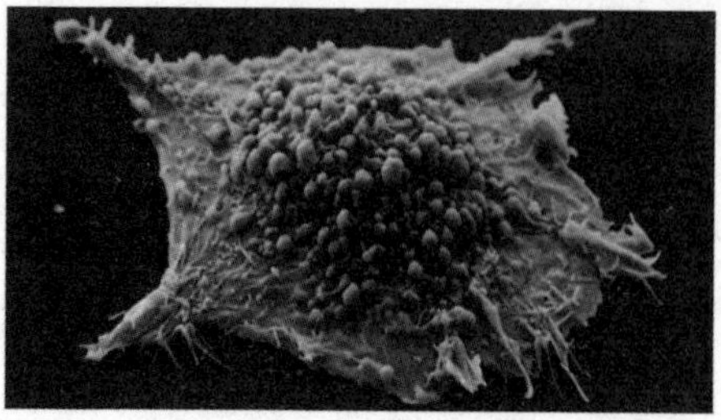

◆肺癌细胞培基长出的单细胞

肺癌细胞培基上长出的单细胞，其中不对称紫色突起叫作“大疱”，它与癌细胞产生质膜的细胞骨架出现局部分离。

起泡对于包括细胞移动、细胞分裂、物理和化学应力的多样性细胞变化进程非常重要。

镰状细胞贫血症血红细胞

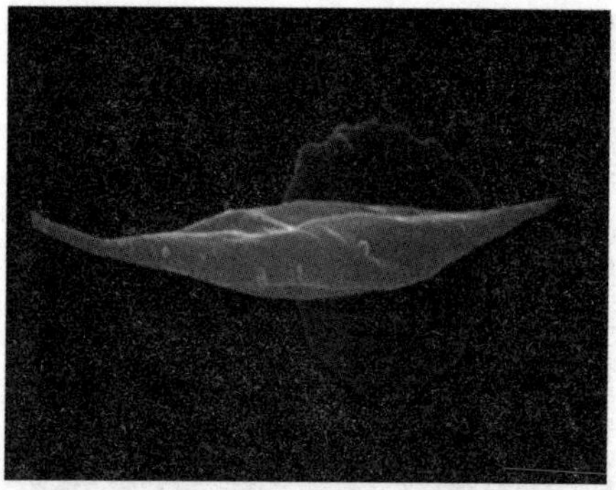

◆镰状细胞贫血症血红细胞

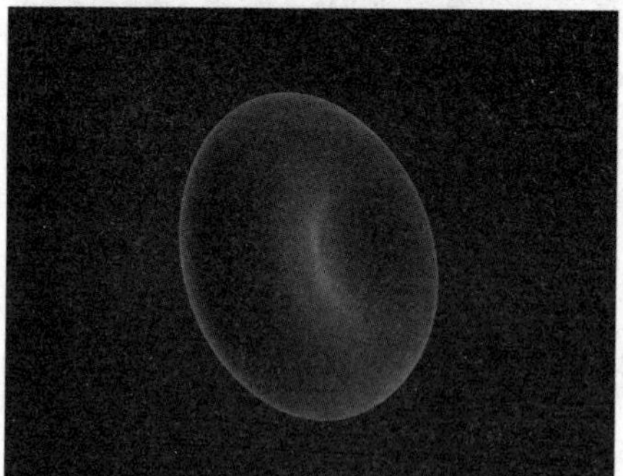

◆正常血红细胞

这张图上看起来像巧克力制成品的东西是什么呢？其实，图片显示的是两个血红细胞。背景中显示的是一个正常的红细胞，而前景中显示的是一个受到镰状细胞贫血症感染侵蚀的血红细胞。这样一解释是不是就恍然大悟了呢？怪不得前景图像没了血色！

镰状细胞贫血是 20 世纪初才被人们发现的一种遗传病。它是一种血液疾病，可导致细胞形成特殊的形状，从而改变其携带血红蛋白的能力。1910 年，一个黑人青年到医院看病，他的症状是发烧和肌肉疼痛，经过检查发现，他患的是当时人们尚未认识的一种特殊的贫血症，他的红细胞不是正常的圆饼状，而是弯曲的镰刀状。后来，人们就把这种病称为镰刀型细胞贫血症。镰刀型细胞贫血症主要发生在黑色人种中，在非洲黑人中的发病率最高，在意大利、希腊等地中海沿岸国家和印度等地，发病人数也不少。

小　结

显微镜下的世界，是一个全新的世界，显微镜下的世界，是一个震撼的世界，显微镜下的世界，是一个放大了的世界，显微镜下的世界，是需要你我不断探索的世界。走进这个世界，有你，有我，有他的努力！

拓展思考

1. 谈谈你看到这些图片的感受？
2. 你有使用显微镜的经历吗，用它做过些什么？
3. 到网上搜一下其他领域的微观摄影图片，并整理一下。
4. 你有一颗好奇心吗？

碰撞中认识你
——粒子探测器

◆嫦娥一号月球探测卫星

高能物理实验研究需要粒子加速器、探测器及其他设备。我们已经了解到，粒子加速器是将微小带电粒子加速到非常高的能量，速度接近光速，然后打到固定的靶上或彼此对撞，以研究物质深层次的结构。而探测器则是用探测器内的物质跟粒子相互作用产生的信息经过分析，以得到关于被探测粒子的信息：如粒子径迹、衰变产物、飞行时间、粒子动量、能量、质量等，粒子探测器的发展史是人类对物质世界的认识不断深化和实验与理论不断相互促进的历史……

什么是粒子探测器

◆马克 II 号探测器

粒子探测器是核物理、粒子物理研究及辐射应用中不可缺少的工具和手段。被探测粒子和探测器内的物质相互作用而产生某种信息（如电、光脉冲或材料结构的变化），信息经放大后被记录，经过分析这些信息，以确定粒子的数目、位置、能量、动量、飞行时间、速度、质量等相关物理量。按照记录方式的不同，粒子探测器大体上分为计数器和径迹室两大类。其中，计数器是以电脉冲的形式记录、分析辐射产生的某种信息。径迹室是通过记录、分析辐射产生的径迹图像测量核辐射。

计数器种类

在高能实验中常见的计数器有多丝室、漂移室、闪烁计数器、契伦科夫计数器、穿越辐射计数器、电磁量能器和强子量能器等。

多丝室和漂移室

它们都是正比计数器的变形。一看这个名字就知道，它们都有计数功能，除此以外，它们又可分辨带电粒子经过的区域。多丝室有许多平行的电极丝，处于正比计数器的工作状态。只有当被探测的粒子进入该丝邻近的空间，与此相关的记录仪器才记录一次事件。为减少电极丝的数目，可从测量离子漂移到丝的时间来确定离子产生的部位，这就要有另一探测器给出一起始信号并大致规定了事件发生的部位，根据这种原理制成的计数装置称为漂移室，漂移室具有更好的位置分辨率，但允许的计数率不如多丝室高。

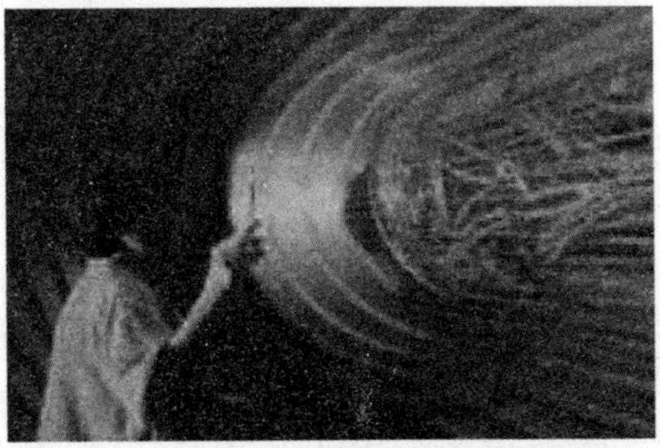

◆多丝正比室及它所探测到的不同粒子

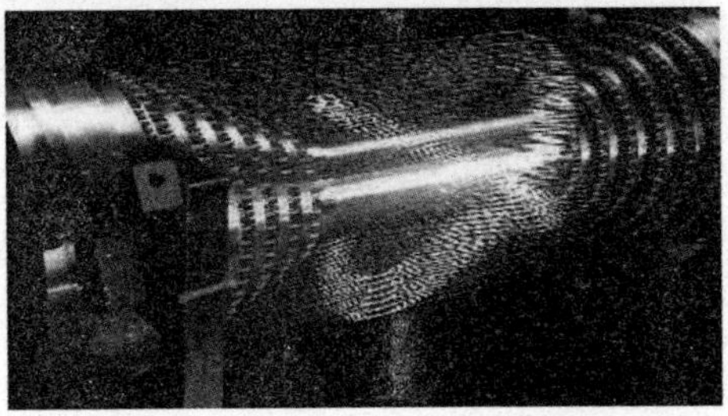

◆漂移室

闪烁计数器

通过带电粒子打在闪烁体上，使原子（分子）电离、激发，在退激过程中发光，经过光电器件（如光电倍增管）将光信号变成可测的电信号来测量核辐射。闪烁计数器分辨时间短、效率高，还可根据电信号的大小测定粒子的能量。

闪烁体可分为三大类：无机闪烁体，有机闪烁体和气体闪烁体。

契仑科夫计数器

高速带电粒子在透明介质中的运动速度超过光在该介质中的运动速度时，则会产生契伦科夫辐射，其辐射角与粒子速度有关，因此，提供了一种测量带电粒子速度的探测器。此类探测器常和光电倍增管配合使用。可分为阈式和微分式两种。其中，阈式只记录大于某一速度的粒子，微分式只选择某一确定速度的粒子。

小知识

什么是契伦科夫辐射?

苏联物理学家契伦科夫在 1934 年发现，“超光速”电子通过透明媒质时，会发出微弱的淡蓝色可见光，这就是契伦科夫辐射。另外两个苏联物理学家夫蓝克和塔姆于 1937 年对于此现象作了理论解释。他们三人因此项工作获 1958 年诺贝尔物理学奖。

穿越辐射计数器

当高速带电粒子穿过两种介质的界面时，会产生穿越辐射，辐射能量与粒子的能量成正比，即粒子的能量越大，辐射能量就越大。在粒子速度极高，十分接近光速时，用飞行时间和契伦科夫计数器都无法通过分辨速度来鉴别粒子，而穿越辐射计数器提供了鉴别该能区高能粒子的新方法。

径迹室种类

核乳胶

能记录带电粒子单个径迹的照相乳胶。入射粒子在乳胶中形成潜影中心，经过化学处理后记录下粒子径迹，可在显微镜下观察。它有极佳的位置分辨本领（1 微米），阻止本领大，功用连续而灵敏。

云室和泡室

使入射粒子产生的离子集团在过饱和蒸气中形成冷凝中心而结成液滴（云室），在过热液体中形成气化中心而变成气泡（泡室），用照相方法记录，使带电粒子的径迹可见。泡室有较好的位置分辨率（好的可达 10 微米），本身又是靶，目前常以泡室为顶点探测器配合计数器一起使用。

◆云室

火花和流光室

这些装置都需要较高的电压，当粒子进入装置产生电离时，离子在强电场下运动，形成多次电离，增殖很快，多次电离过程中先产生流光，后产生火花，使带电粒子的径迹成为可见。流光室具有较好的时间特性。它们都具有较好的空间分辨率（约 200 微米）。除了可用照相记录粒子径迹外，还可记录电脉冲信号，作为计数器用。

知识窗

固体径迹探测器：重带电粒子打在诸如云母、塑料一类材料上，沿路径产生损伤，经过化学处理（蚀刻）后，将损伤扩大成可在显微镜下观察的空洞，适于探测重核。

中子探测器

中子探测器探测的基本方法有两种：反冲质子法和核反应法。

中子探测器是指一类能探测中子的探测器。中子本身不带电，不能产生电离或激发，因此不能用普通探测器直接探测。但是，可以利用中子与掺入探测器中的某些原子核作用（包括核反应、核裂变或核反冲）所产生的次级粒子进行测量。基本方法有两种：反冲质子法和核反应法。

探测器的发展史

粒子探测器的发展史正是人类对物质世界的认识不断深化和实验与理论不断相互促进的历史。

◆月球探测用的中子探测器

1590 年和 1609 年先后出现的显微镜和望远镜使人们得以在两个尺度方面超出了肉眼范围，其实它们正是人类首先使用的可见光探测器，它们使人类开始走上对小尺度物体的研究道路。

1895 年德国物理学家伦琴发现 X 射线和 1896 年法国物理学家贝克勒尔发现了 β 射线，这可以作为粒子探测器历史的开端。

1911 年物理学家卢瑟福借助显微镜观察到单个 α 粒子在硫化锌上引起发光。这正是闪烁计数器的雏形。1919 年他用类似的荧光屏探测器首次观察到用 α 粒子轰击氮产生氧和质子的人工核反应，由此，核物理迅速发展起来。核物理和宇宙线的研究发展反过来又带动了各种探测器的发展。

◆伦琴

20世纪20年代到60年代出现了核乳胶、云雾室、火花室、流光室等径迹探测器以及电离室、正比与盖格计数管和闪烁计数器等电子学探测器。新粒子往往是借助于当时的新型探测器才被发现的。

20世纪50年代以来，由于研究进入核子夸克层次，要求轰击粒子的能量更高，这时期逐渐从原子核物理发展出粒子物理（高能物理），利用的是高能量和高粒子束流强度的加速器（或对撞机）。再后来，在粒子发现史上起过重要作用的径迹探测器逐渐让位于电子学探测器。

20世纪60年代末至80年代初，出现了各种用于固定靶和对撞机的大型综合多粒子谱仪及非加速器宇宙线实验的大型电子学探测器阵列。许多新粒子和新现象的发现都是利用它们得到的。

粒子探测器发展史上有很多粒子领域的科学家获得了诺贝尔奖，有力地说明了粒子探测器对科学发展所起的重要作用以及理论的发展基于实验这一基本观点。

动动手——上网了解

1. 去搜索网站；

2. 搜索：“粒子探测”，这时你将会发现许多关于粒子探测方面的网站链接，随便点一个开始了解吧；

3. 总结一下中国粒子探测技术的发展过程，有哪些科学家在这个过程中作出过重要贡献。

探测器的未来

粒子探测器的发展是伴随着粒子的发现而成长起来的。由此我们可以推测，在将来，伴随着新的粒子的发现，探测器可能会不断改进与发展，作为人们探测世界的更好的帮手！

拓展思考

1. 粒子探测器和粒子加速器有什么不同？
2. 用你自己的理解说一下粒子探测器是什么？
3. 用你自己的理解说一下核物理和粒子物理的关系？
4. 嫦娥一号发射时间、地点、意义是什么？

一粒沙子就是一个世界

——走近微观粒子

《天真的预言》

一沙一世界，
一花一天堂。
双手握无限，
刹那是永恒。
一沙一世界，
一花一天堂，
一树一菩提，
一叶一如来。
天真的预言，
参悟千年的偈语。

这首诗的意思是：生活的一切原本都是由细节构成的，如果一切归于有序，决定成败的必将是微若沙砾的细节。

挖掘真相
——微观的数量级

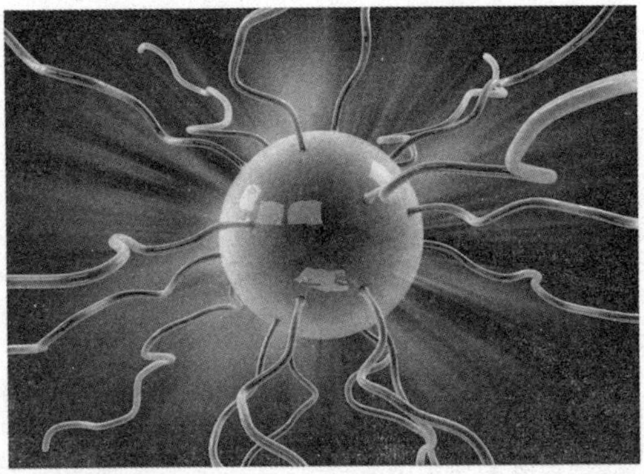
◆奇妙微观世界

原子核、原子、分子、细胞、生命体、人、一座山、地球、太阳系、银河系、星系团、超星系团、可观测宇宙尺度，10^{-20} 和 10^{25}，代表宇宙数量级的两个极端。广义相对论的研究对象是巨大的星体乃至整个宇宙，而量子物理学的研究对象是微小的粒子。

当你在欣赏一朵花，欣赏一片海，欣赏一座山脉的时候，你是否，想把视野拉近，看清楚它们的每个细节，看清楚细节里面的细节呢？你是否好奇，它的内里的内里是什么呢？那么，我们一起来领略一下微观世界的神奇与奥妙吧！

什么是数量级?

动动手：找一个米尺，动手量一量：

1. 你手掌的数量级是多大？
2. 你身边的那些小物件：鼠标、键盘、手机、电话的数量级是多大？
3. 你家的躺椅、床、沙发、餐桌的数量级是多大？

数量级是指数量的尺度或者大小的级别，每个级别之间保持固定的比例。我们通常所说的两个事物简直是天差地别，没有可比性，就有可能是指它们不是在一个数量级上，一个很大，一个很小。一头大象和一只蚂蚁的差距就在体积的数量级上！通常，数量级用一系列10的幂表示，相邻两数量级之间的比为10。如果两数相差三个数量级，其实就是说一个数比另一个大1000倍。地球半径约6400千米，用厘米为单位时就可写成6.4×10^{8}厘米数量级。物理世界中把事物分类的方法有很多种，按数量级比较它们的大小就是分类方法之一。

直观看微观数量级

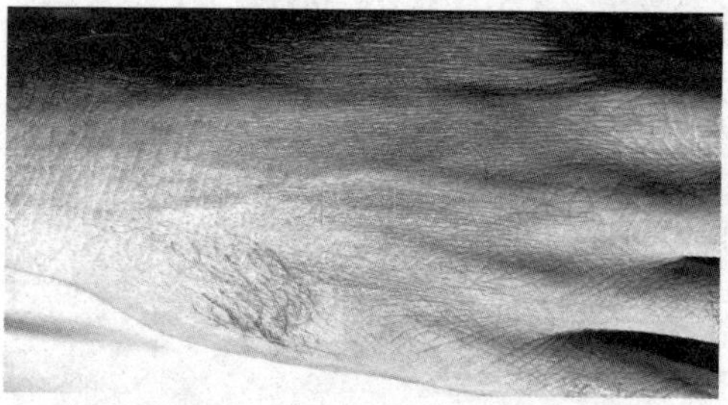

◆0.1米数量级下人手表皮

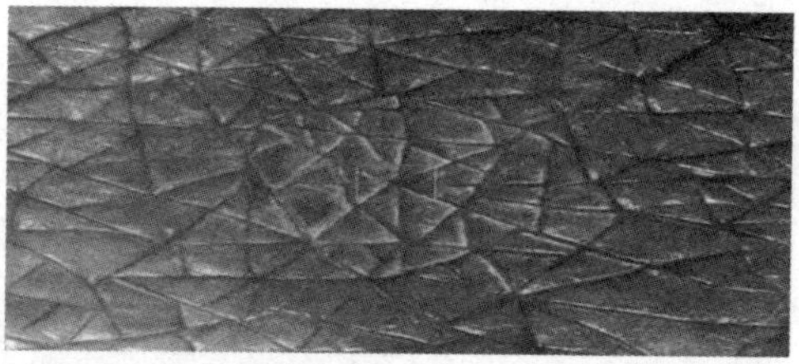

◆1厘米数量级下人手表皮

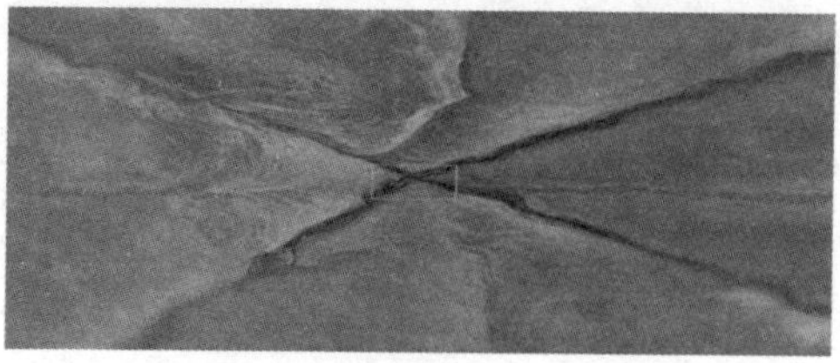

◆1毫米数量级下人手表皮

首先，让我们来看一下一个人手表皮在0.1米的数量级下的视觉效果。0.1米，即1分米，是我们手所能把握的尺度。我们所接触的很多物体都是在这样一个数量级的。不信，请抬起眼睛，仔细观察一下你的周围，你会发现，键盘、鼠标、小音响、手机、杯子、手链……统统都是在这一尺度呢！

然后，让我们看看1厘米数量级下这个人手上的皱纹细部，是不是看着好像很粗糙？请不要吃惊，也许，你手放大了看着还没他的细皮嫩肉呢。现在，你是不是对接下来更小尺度的视觉效果充满好奇和向往？做好准备，接下来，我们即将进入一个新领域——微观世界。

这是1毫米数量级下的皮

肤毛孔，平时我们看到的浅浅的手掌纹路已经变成深深的刻痕。

100 微米下，已经依稀可见皮肤的组织结构，是不是特别像久旱干裂的土地?

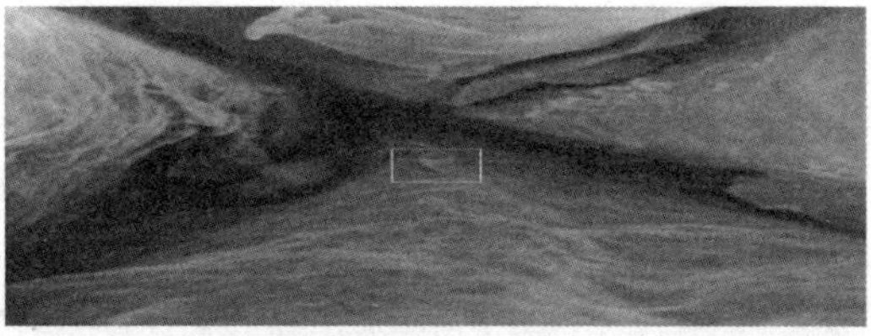

◆100 微米数量级下人手表皮

右面第二张图是 10 微米数量级的细胞。一般来说，一个细胞的数量级就是 10 微米。你知道吗? 世界上最大的细胞是鸵鸟蛋，它是一个单独的卵细胞，它的数量级是分米级的。

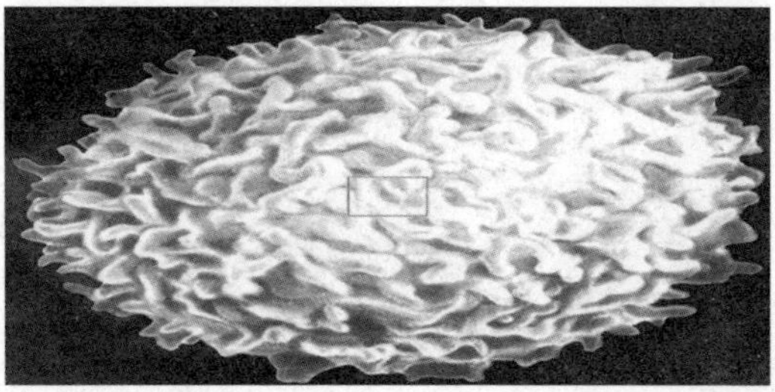

◆10 微米数量级的细胞

从第三张图中，我们看一下 1 微米数量级的细胞膜细部：

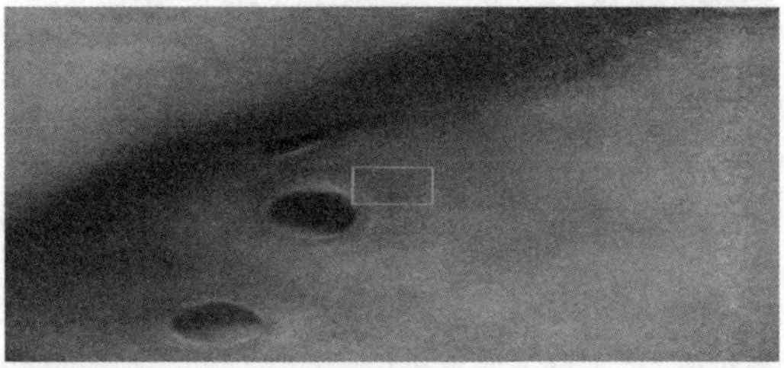

◆1 微米数量级的细胞膜细部

让我们再看一下右面第四张图中 0.1 微米数量级的染色体：

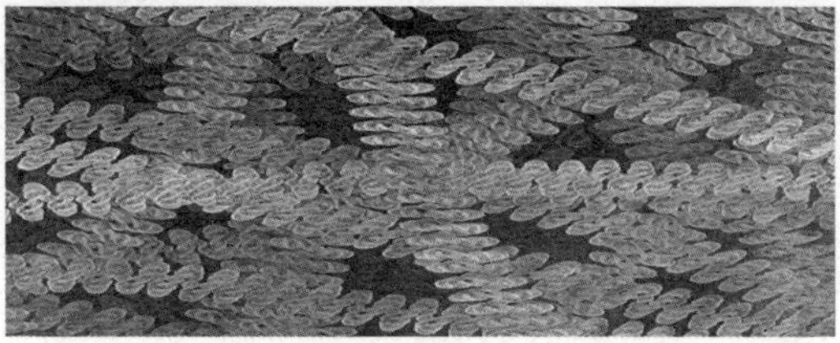

◆0.1 微米数量级的染色体

下页第 1 张图为 100 埃数量级的 DNA：

埃，是指 10^{-10} 米。用字母“A”顶上加个小圆圈来表示。100 埃的数量级就能度量某些有机大分子的物质了。照片上 DNA 链分子结构清晰可见。DNA 双螺旋结构的发现，是现代生物学史上一项划时代的杰出成就。

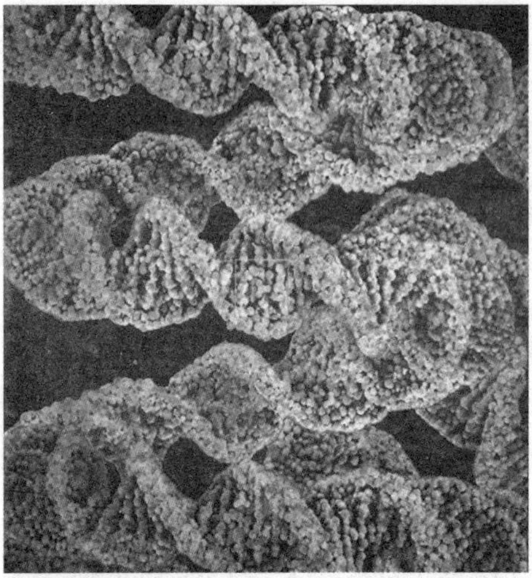

◆DNA

◆组成 DNA 分子的原子们

1 纳米：1 纳米是 10^{-9} 米。在纳米这样的数量级下，我们连原子都可以数清了，因此，纳米级又叫原子级。左图是组成 DNA 分子的原子们，它们以共价键和氢键彼此结合成庞大的有机分子。生命就在这种复杂的结合中得以体现。

0.1 纳米，0.01 纳米，0.001 纳米……

随着尺寸的缩小，我们的所见又将是什么样的呢？是不是会更加有趣和神奇？接下来，请继续跟随我们走下去，这里将会有更多的探奇之旅……

揭开神秘面纱
——宇宙的组成

◆浩瀚的宇宙

“宇宙”，在《现代汉语词典》中被解释为：“一切物质及其存在形式的总体”。那么，宇宙是由哪些物质组成的？它们又是以什么形式存在的呢？提到宇宙是由什么物质组成的？可能你会有一个脱口而出的答案：由那些亮晶晶的星星组成的。这个答案正确吗？随着科技的发展，科学家越来越发现这个答案其实是不正确的。那么宇宙到底是由什么组成的？现在，你的心中是不是充满了疑问？什么是恒星、行星、星系？什么是普通物质、暗物质与暗能量？科学家也一直在寻找这些问题的答案，让我们一起来看看吧！

宇宙大爆炸理论

◆宇宙大爆炸

我们经常听说宇宙大爆炸，那么，你知道宇宙大爆炸是什么意思吗？宇宙大爆炸是为了解释宇宙起源，根据天文观测研究后得到的一种设想。这种设想认为：我们的宇宙开始于一个特殊的点，浓缩的一点，大约在150亿年前，宇宙所有的物质都高度密集在这一点上，并有着超级高的温度，因而发生了巨

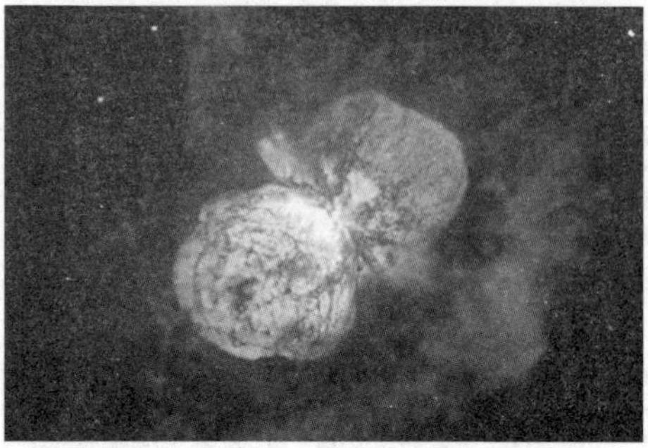

◆110 亿光年外最遥远超新星爆发

大的爆炸。大爆炸后 30 万年，最初的物质出现了；大爆炸后 20 亿年～30 亿年，类星体逐渐形成；大爆炸后 100 亿年，我们所熟悉的太阳诞生了；38 亿年前地球上的生命开始逐渐演化。

根据大爆炸理论，宇宙是有始有终的，在遥远未来的某个时刻，宇宙也必将走到尽头。如果真的存在宇宙大爆炸，那么它的整个过程必定是非常复杂的，属于剪不断理还乱的。现在，我们还只能从理论研究的基础上，描绘过去远古的宇宙发展史。现在我们看见的和看不见的一切天体和宇宙物质，构成了当今的宇宙形态，人类也是在宇宙演变的这一过程中闪亮登场的。宇宙大爆炸理论是现代宇宙学的一个主要流派，它之所以能够得以发展，是因为它能较客观地解释宇宙中的一些根本问题。

有一种理论跟宇宙大爆炸理论相对，该理论认为宇宙并非起始于某个特殊点，而是无始无终的。

宇宙中物质存在的方式

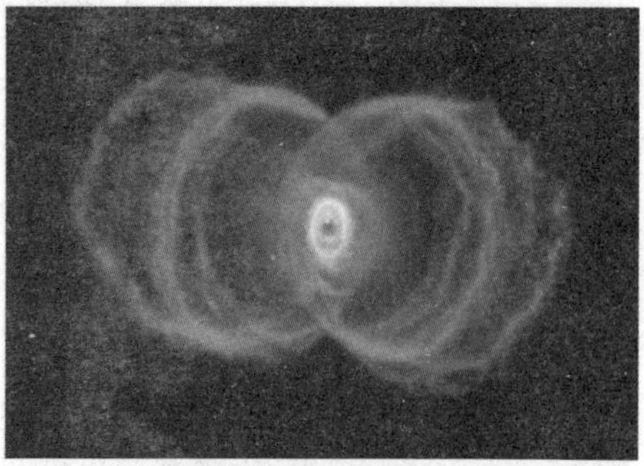

◆沙漏星云

科学家们设想，宇宙中物质存在的方式有三种：正物质、反物质、暗物质。

一、看得见的正物质

宇宙里的一闪一闪亮晶晶的星星，神秘漂亮的星云（包括亮星云和暗星云）等，都是宇宙中的正常物质。

无数颗星星在浩瀚无边的宇宙

中运动着，像一双双小眼睛，在这些小眼睛后面埋藏了多少秘密呢？让我们从它们的分类说起。我们看得见的星星，绝大多数是恒星。看上去它们好像是冷的，冰冷地泛着银光。但是你知道吗？每颗恒星可都是一颗火热的太阳。汹涌的热浪不断地从这些大火球吐出来，射向广漠的宇宙空间。它们表面温度至少有 3000℃呢。请想象一下，即使是最坚硬的金属，一接触它们的表面就会熔化，甚至化为气体，真所谓是灰飞烟灭啊。之前的你，是否曾把夜空中闪烁着寒光的小星星当作可爱的萤火虫呢？

◆太阳与行星大小比较（从左到右依次为：木、土、天、海、地、金、火、水）

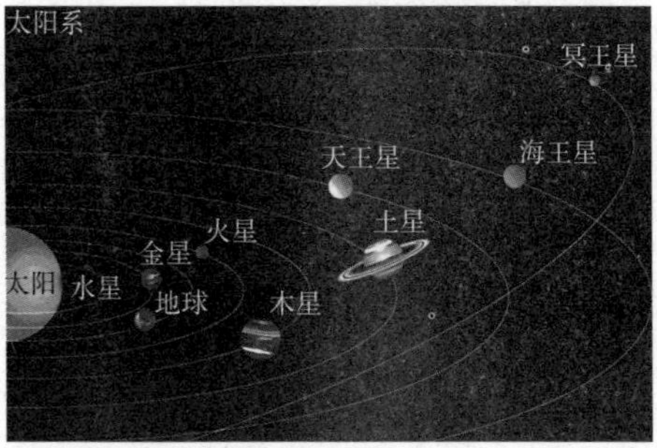

◆太阳系八大行星示意图

历 史 回 顾

关于宇宙中心

一千多年前，托勒密创立“地心说”，认为地球是宇宙的中心。哥白尼起来反对他，认为太阳才是宇宙的中心。可后来人们却发现，如果把太阳作为宇宙的中心，同样也有很多问题难以解决。伽利略的发现、牛顿的研究，以及开普勒和多普勒的结论，都使人类认识到，太阳也不是宇宙的中心。那么，这些科学家们，都发现了哪些奇方妙法？到底哪里，才是宇宙的中心呢？

夜晚，仰望晴朗的夜空，是不是觉得星星像细碎的钻石，小而闪亮？它们真的很小吗？其实，许多红色的星星很大很大，大到超乎你的想象，有的甚至可以装得下 80 亿个太阳。也有一些恒星非常小，有的比地球还小。可是这种星星的物质，密度特别大，火柴头那么大的一点点就抵得上十多个成年人的重量。用白金铸成与上述某个星星同样大的一个球，重量只有它的 0.5×10^{-7}。人到这种星星上面休想站得起来，因为它的引力必然是超级大的，人的骨骼估计早就被自己的体重压碎了。还有数量众多的中等的恒星，这些恒星像太阳一样，体积不太大，密度不太小，表面温度也不十分高。

知识窗

八大行星的直径

水星直径约 4800 千米

金星直径约 12104 千米

地球直径约 13000 千米

火星直径约 6762 千米

木星直径约 143000 千米

土星直径约 119300 千米

天王星直径约 51800 千米

海王星直径约 49528 千米

恒星是宇宙中最基本的成员。恒星有各种各样的，但是全都是灼热的庞大的气体球，全都是发光发热的。尽管恒星都很大，差不多每一颗都能装下几百万个地球（只有极少数比地球小），可是在辽阔的宇宙空间里，这些恒星不过像大海里的水滴，也许还要小。

行星是自身不发光、环绕着恒星的天体。地球就是一颗行星，它环绕着恒星太阳旋转。今天凭借地球上最大的望远镜，还不能直接看见别的恒星世界的行星，但是，太阳可以有行星，那么我们推测，别的恒星应该也会有环绕的行星。

由尘埃和气体组成的星云，浮游在星星之间，浮游在宇宙空间里，阻碍星光的通过。这些星云有的厚到几万亿千米，本身并不发光，如果在附近有恒星，它就反射出光亮，叫作亮星云。否则它就是暗黑的，叫做暗星云。

整个宇宙仍然在运动发展着，一如我们学到的那个真理：事物是不断运动、变化和发展的。

神秘的银河系

◆银河系

大约一千亿颗以上的恒星组成一个铁饼形状的东西，我们把它叫做银河系，太阳也在其中。从地球上望出去，银河就像一个环，套在地球周围。这是一个美丽的环，当它一半没在地平线下，另一半横过天空的时候，人们就说，这是一条天河，它把多情的织女和牛郎隔开了。这条天河淹没了一千亿颗以上的星星啊！一千亿，你一口气数下去，得数一千多年！宇宙里有千亿个像银河系一样的恒星系，这些恒星系大多有一千亿颗以上的恒星。我们已经发现数以亿计的恒星系。这些恒星系仍然只是茫茫宇宙的一个极小部分。随着望远镜制造技术的不断提高，新的仪器的不断发明，我们将会看到更远的世界。

二、看不见的暗物质

◆在南极探测暗物质

宇宙中大部分物质是看不见的。这些看不见的物质是什么？20 世纪 90 年代中期有人提出，这是一种叫作“冷的暗物质”的奇异物质，也就是暗物质。在宇宙学中，暗物质是指那些不发射任何光及电磁辐射的物质，目前人们只能通过引力产生的效应得知宇宙中有大量暗物质的存在。暗物质存在的最早证据来源于对球状星系旋转速度的观测。引力透镜、宇宙中大尺度结构形成、微波背景辐射等研究表明：暗物质占了宇宙的 23%，还有 73%是一种导致宇宙加速膨胀的暗能量。通常我们所说的暗物

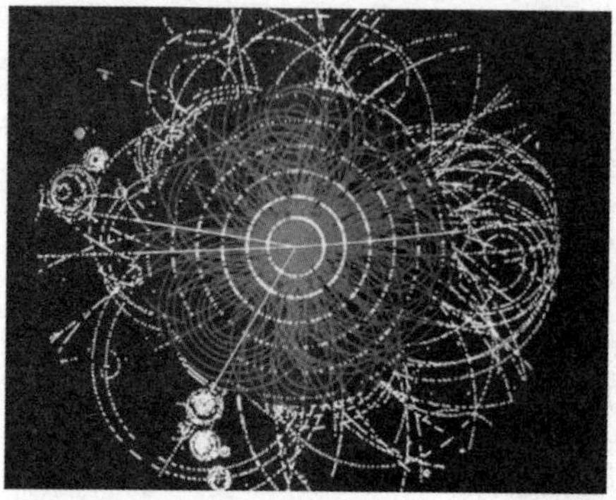

◆蟹状星云中物质和反物质粒子以接近光速的速度被喷射出

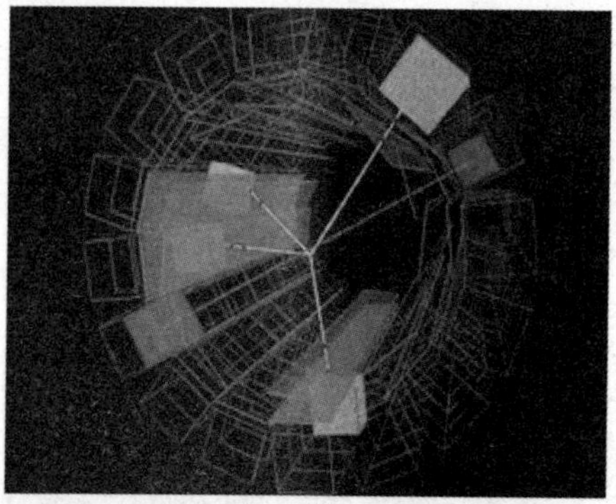

◆欧洲粒子物理研究所制造出反氢

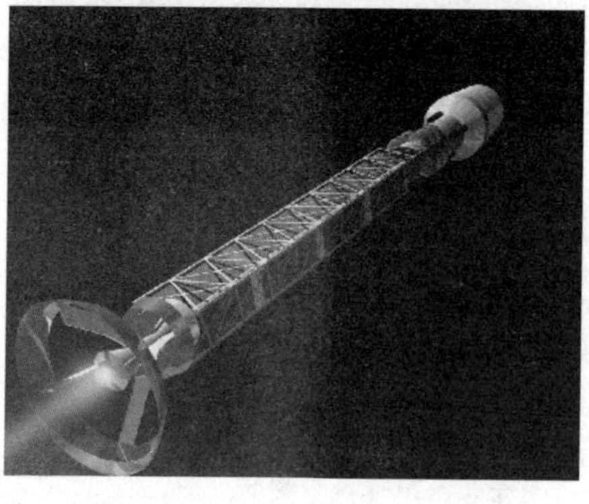

◆反物质引擎

质是包含暗能量的。暗物质的总质量是普通物质的 6.3 倍，在宇宙能量密度中占了 1/4，同时更重要的是，暗物质主导了宇宙结构的形成。不过，暗物质的本质现在还是个谜。相信，随着科学的发展，这些我们看不见的暗物质将越来越为人所知。

三、反物质

反物质是一种假想的物质形式，在粒子物理学里，反物质是反粒子概念的延伸，反物质是由反粒子构成的，如同普通物质是由普通粒子所构成的。物质与反物质的结合，会如同粒子与反粒子结合一般，导致两者湮灭，且因而释放出高能光子或伽马射线。1932 年美国物理学家卡尔·安德森在实验中证实了正电子的存在。随后又发现了负质子和自旋方向相反的反中子。自然界纷呈多样的宏观物体还原到微观本源，它们都是由质子、中子和电子所组成的。这些粒子因而被称为基本粒子，意指它们是构造世上万物的基本砖块，事实上基本粒子世界并没有这么简单。因为，世间万物并不是它们的简单堆砌。在 20 世纪 30 年代初，就有人发现了带正电的电子，这是人们认识反物质的第一步。到了 20 世纪 50 年代，随着反质子和反中子的发现，人们开始明确地意识到，任何基本粒子都在自然界中有相应的反粒子存在。电子和反电子的质量相同并有相反的电荷。质子与反质子也是如此。粒子实验已证实，粒子与反粒子不仅电荷相反，其他一切可以相反的性质也都相反，就像美与丑，善与恶，这种对立如影随形。

◆反物质飞船

待解谜团

在宇宙的某个部位，一定存在着反物质世界。如果反物质世界真的存在的话，那么，它只有不与物质会合才能存在，可物质和反物质怎样才能不会合呢？怎样才能判断出宇宙中哪些天体是正物质，哪些是反物质？为什么宇宙中的反物质会这么少？这些都是留给人们待解的谜团。

反物质理论自提出以来一直显得极为神秘，这主要是因为人们在地球上很难发现反物质。那么，为什么我们看不见反物质呢？现在主要有两种解释。第一种是：物质与反物质在物理学方面的一些细微差别造成了早期宇宙中正物质的剩余。第二种解释是：在宇宙诞生后的第一秒内，物质和反物质都没有被对方完全消灭，它们都在极力避免被对方捕获和吞噬。因此，在宇宙的某个空间，或许还潜伏着反物质，这些反物质还有可能已结合形成反恒星、反星系，甚至是反生命。只不过目前，它们一直就这样躲着，躲开我们……

广角镜——三大“世界之谜”

可能跟反物质有关的三大“世界之谜”：

1. 通古斯大爆炸：1908 年 6 月 30 日凌晨，俄罗斯西伯利亚通古斯地区的森

◆通古拉斯大爆炸附近

林里，突然发生了一次史无前例的大爆炸。其威力相当于1000枚原子弹同时爆炸，数百平方千米内的城镇与森林在爆炸中被毁灭。科学界迄今仍无法解释这次爆炸的原因。

2.1979年9月22日，美国卫星拍到了西非沿海发生的一次强烈“核爆炸”。当时只有少数几个国家拥有核武器，因此西非发生核爆炸的原因迄今不明。

3.1984年4月29日晚10点，当时，一架日本班机飞抵美国阿拉斯加上空，副机长突然发现，飞机前方出现了一团巨大的“蘑菇云”，急速向四周扩散……同条航线上的其他三架飞机的机长也同时看到了这一怪现象。然而，飞机降落后，并没有发现任何放射性污染的痕迹。

知识库——美丽的星座

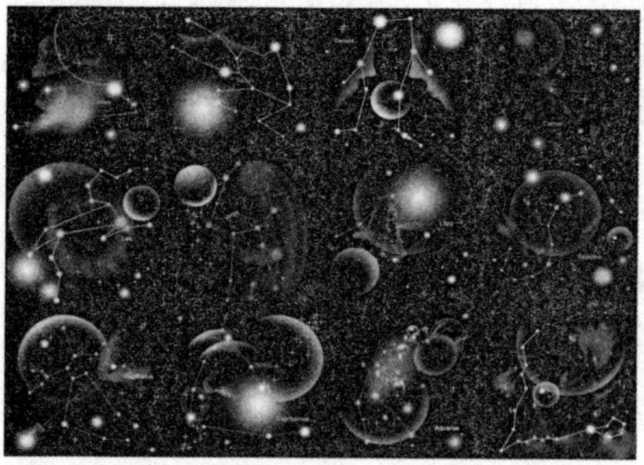

◆黄道十二星座

星座是指天上一群群的恒星组合。自古以来，人们对于恒星的排列和形状很感兴趣，并且很自然地把一些位置相近的星联系起来，组成星座。实际上它们相互间没有实际的关系。星座分为北天星座、南天星座和黄道星座。整个天际共分88个星座，其名称一般以仪器或希腊神话人物命名。相信有很多少男少女们经常到新浪网看星座运势：敏感前卫的双子和双鱼座；追求完美的处女座和天秤座；聪慧富舞台感的狮子座和巨蟹座；轻舞飞扬的金牛座和白羊座……其实，星座运势中所说的十二星座就是黄道星座。

气吞万象——黑洞

◆黑洞

在宇宙中有那么一些点，这些点的体积趋向于零而密度却无穷大，正因为这无穷大的密度使得它们具有强大的吸引力，物体只要进入离这个点一定距离的范围内，就会被这个强大的引力吸收掉，连光线也难以逃脱被吸收的命运。因此，任何进入这个范围的物体都无法再逃出来，它会像一个恶魔，吞噬所有的一切——没有任何信号传出，这个范围的界限被称作视界，里面的情形人类无法看到，所以科学家给它起了个很形象的名字——黑洞。所以说，黑洞并不是一个“大黑窟窿”，而是一种引力场超强的天体，下面，让我们来全面了解它！

揭开黑洞神秘面纱

恒星之死

◆黑洞

像是人从幼年到少年到青年，再到中年老年，人这样一步一步走过，最终走向自己的终点，黑洞是由恒星一步一步发展而来的，即黑洞是演变到最后阶段的恒星（恒星—白矮星—中子星—夸克星—黑洞），由中子星进一步收缩而成。

◆一颗被黑洞“撕裂”的恒星深陷其中

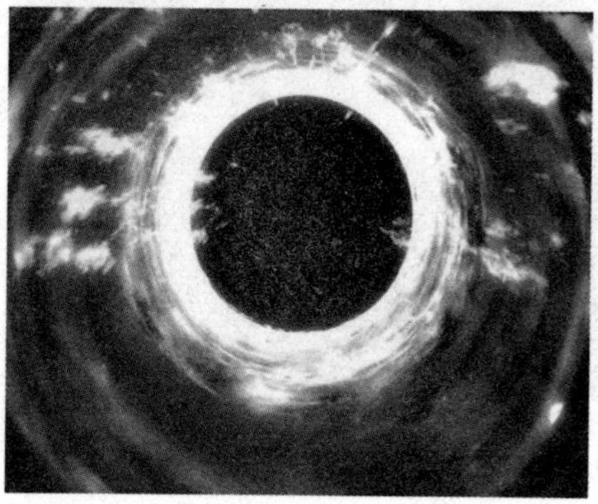

◆迄今最小的黑洞

我们知道，人之所以看得见物体，是因为物体发光，光线（即电磁波）传到人的眼睛里，从而使得人可以看到物体。而黑洞有巨大的引力场，它所发射的任何电磁波都无法向外传播，这使得它变成看不见的孤立天体，就像是披了一件“隐身衣”，永远躲在里面，不被外人知晓。它在里面进行什么诡秘行动呢？人们还无从知晓，人们只能通过引力作用来确定它的存在，故名黑洞。在茫茫的宇宙中，这小小的黑洞如同沧海一粟，但它对于周围的物质来说，却像万丈深渊，这黑洞令人望而生畏，它是空中恶魔，它是宇宙陷阱。但是我们现在终于明白，它并不是我们望文生义主观认为的黑色的“大窟窿”了。

2006 年，美国科学家利用国家航空和宇宙航天局的旋转电波望远镜发现一个巨型黑洞。在距地球 40 亿光年的一个星系中，黑洞呈现出令人恐怖的景象，一颗正被黑洞“撕裂”的恒星深陷其中。

原始黑洞

按近代的宇宙演化理论，在宇宙早期，物质的密度极大。物质密度的微小起伏会很容易导致黑洞的形成，这些黑洞就叫作“原始黑洞”。原始黑洞的质量不定，但其中有些可能是“小”黑洞，比太阳质量小许多个数量级，目前这种黑洞都还没有被探测到。

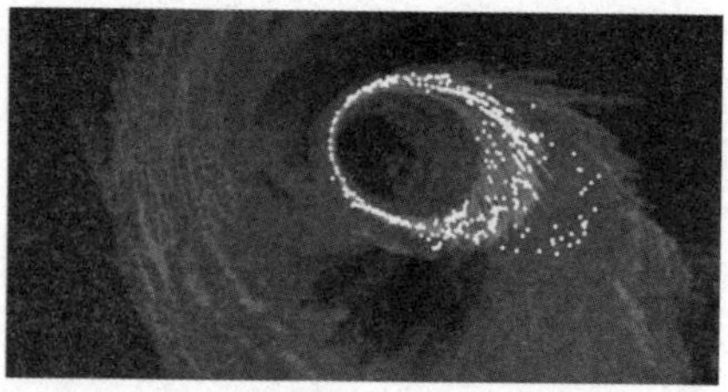

◆黑洞

其他黑洞

星系内，恒星通常会聚集成星团。在星团演化过程中，其中心密度越来越大，于是恒星之间相互碰撞、破裂，并可能形成一个超大质量天体，然后再坍缩形成巨大的黑洞。这类黑洞的质量很大，可以达到太阳质量的数十万到数十亿倍。

动手做一做

去网上了解一下关于黑洞的知识吧：

1. 去搜索网站；

2. 搜索："黑洞"，这个时候你将会发现许多关于黑洞的网站链接，随便点一个开始了解吧；

3. 思考一下：可以人工制造黑洞吗？现在人们对黑洞的认识有哪些？你对黑洞的哪些方面比较感兴趣？

迄今发现的最大和最小的黑洞

2008年美国天文学家发现了迄今为止发现的最小黑洞，它的质量约为太阳质量的3.8倍。2009年天文学家发现了迄今为止发现的最大质量的黑洞。天文学家通过计算机模型和望远镜观测，得到了这个黑洞的最新测量结果。这一黑洞的质量大约是太阳质量的64亿倍，比天文学家以前认为的要大2到3倍。这次的发现使得天文学家对一些大型星系附近的其他黑洞有了新的认识，不排除将来还有更大质量的黑洞出现。

◆迄今发现的最大的黑洞

广角镜——史瓦西黑洞

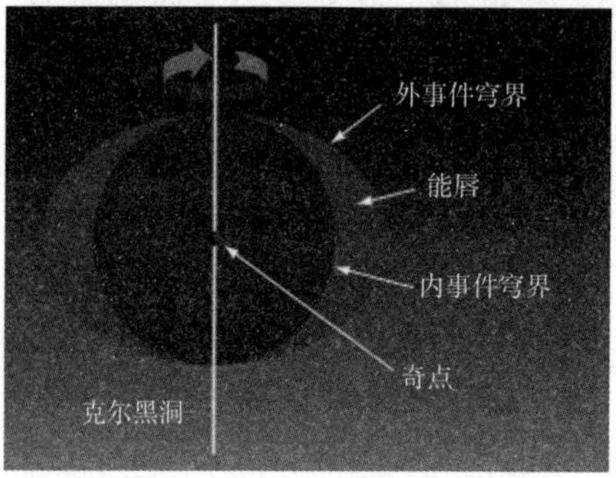

◆黑洞奇点

史瓦西黑洞就是所谓“寻常黑洞”，它是直接由较大的恒星演化而来的。恒星到晚期时核燃料消耗殆尽，辐射压（光压）急剧减弱，星体在其自身引力的作用下坍缩。若质量（指原恒星的质量）大于太阳的8倍，其产物就是黑洞。在宇宙空间里，此类黑洞具多数，其最大质量一般不超过太阳的50倍。史瓦西黑洞，是寻常黑洞的发源地，它有一个视界和一个奇点。

特殊现象

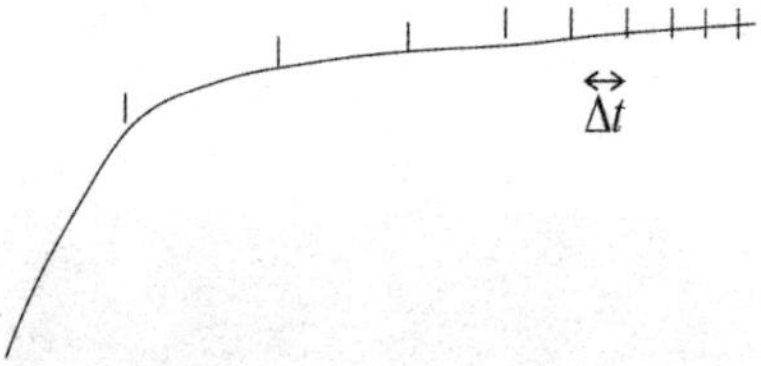

◆黑洞附近时间延滞

“黑洞”无疑是21世纪最具有挑战性也最让人激动的天文学说之一。许多科学家正在为揭开它的神秘面纱而辛勤工作着，新的理论也不断提出。

时间延滞：越接近黑洞，时间越被拉慢。在黑洞附近的不同方位，时间可能是不一样的。在视界穹界上，时间则完全停滞。

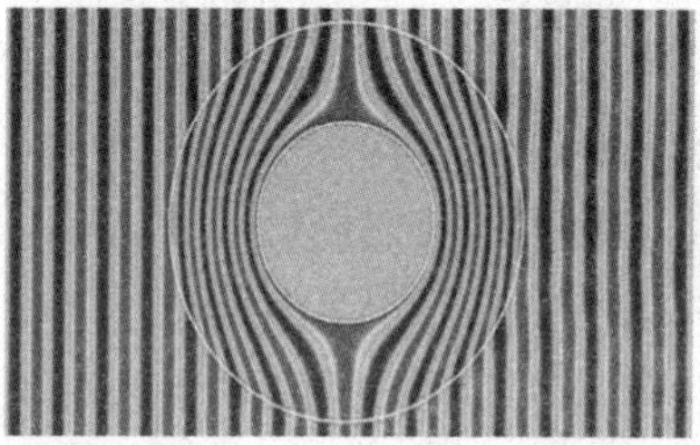
◆光线弯曲

黑洞隐身术：我们都知道，光是沿直线传播的。这是一个最基本的常识。可是根据广义相对论，空间会在引力场作用下弯曲。这时候，光虽然仍然沿任意两点间的最短距离传播，但走的已经不是直线，而是曲线。形象地讲，好像光本来是要走直线的，只不过强大的引力硬生生把它拉得偏离了原来的方向，这种力量难以抗拒。在地球上，由于引力场作用很小，这种弯曲是微乎其微的。而在黑洞周围，空间的这种变形非常大。这样，即使是被黑洞挡着的恒星发出的光，虽然有一部分会落入黑洞中消失，可另一部分光线会通过弯曲的空间绕过黑洞而到达地球。所以，我们可以毫不费力地观察到黑洞背面的星空，就像黑洞不存在一样，这就是黑洞的“隐身术”。

> 接近黑洞，会有时间延滞、光线扭曲、潮汐作用等一系列的神奇现象，这都是由黑洞的极高的密度引起的。

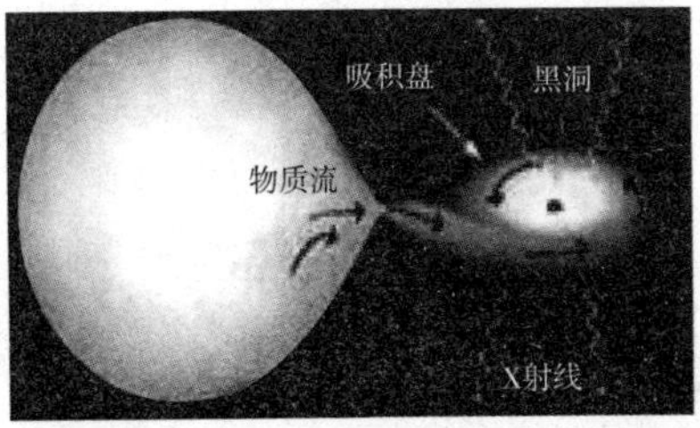

◆潮汐现象

潮汐现象：当引力源对物体产生力的作用时，由于物体上各点到引力源距离不等，所以受到引力大小不同，从而产生引力差，对物体产生撕扯效果，这种引力差就是潮汐力。黑洞附近由于潮汐现象会使物体形状改变。

实验——模拟制造黑洞

北京时间2009年10月30日消息，据《福布斯》杂志报道，现在，科学家准备在实验室里用“超材料”模拟制造黑洞。超材料是结构已经发生改变的常见物质，因此它们可以使光和声音表现出古怪的行为方式。2008年，加利福尼亚大学伯克利分校的张翔利用超材料制成一件隐形斗篷。张翔使用的这种材料不是反射光，而是改变物体周围光线的方向，使人无法看到它。

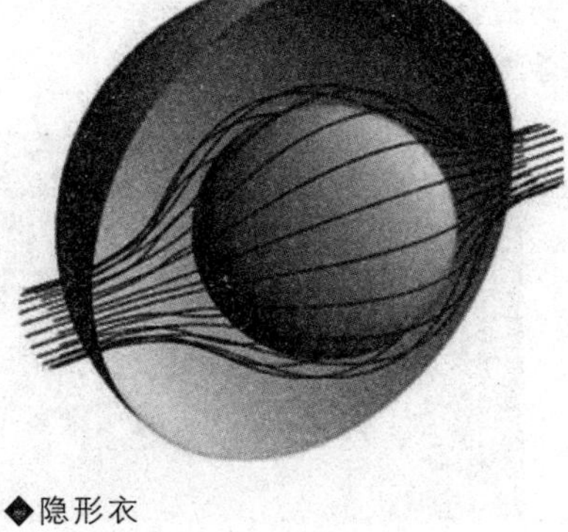
◆隐形衣

霍金在视界发现有趣现象

20世纪70年代，斯蒂芬·霍金教授通过研究发现，黑洞的边缘，即

◆霍金

所谓的“视界”，存在一些与量子力学有关的有趣结果。自然产生的粒子和反粒子在这里相遇后，像冤家聚头，会立即彼此摧毁对方，同归于尽，永远消失。如果一对光子正好出现在黑洞的视界上，一个会掉进黑洞，另一个则会从视界逃逸出来。从视界逃逸出来的光子被称作“霍金辐射”。

名人介绍：“宇宙之王”——斯蒂芬·霍金

斯蒂芬·霍金，英国剑桥大学应用数学及理论物理学系教授，当代最重要的广义相对论和宇宙论家，是享有国际盛誉的伟人之一，被称为在世的最伟大的科学家，还被称为“宇宙之王”。据说，他出生的那一天，正是伽利略逝世300年祭日，这个特别的日子，诞生了这个特别的伟人。他曾先后毕业于牛津大学和剑桥大学，并获剑桥大学哲学博士学位，20世纪70年代他与彭罗斯一起证明了著名的奇性定理，为此他们共同获得了1988年的沃尔夫物理奖。他被誉为继爱因斯坦之后世界上最著名的科学思想家和最杰出的理论物理学家。他还证明了黑洞的面积定理，即随着时间的增加黑洞的面积不减。他的《时间简史续编》是宇宙学无可争议的权威。

◆霍金体验零重力飞行（1）

◆霍金体验零重力飞行（2）

名人名言

“我一直很幸运，我的病情发展比一般患者慢得多。这恰恰也表明，任何人都不应丧失希望。”

——霍金

至今，他已经在轮椅上坐了四十多年，但是，病魔并没能阻止他完成那么多的成就。是的，正如他所说的，任何时候都不能放弃希望。他的坚韧，他的追求，都是值得青年人好好学习的。

2007 年 4 月，霍金曾乘坐飞机进行了长达 4 分钟的“失重体验”，成为首名体验零重力飞行的残障人士。

拓展思考

1. 我们在科幻片里面看到的“隐形衣”已经成真了，说说它的原理是什么？

2. 关于黑洞你知道哪些知识，你认为黑洞真的存在吗，说说为什么？

3. 查一查，有哪些科学家在黑洞问题上做出了巨大贡献？

4. 现实中可以制造“黑洞”吗？

物质探秘
——构成物质的微粒

宇宙是由物质、反物质和暗物质组成的，那么物质是由什么构成的呢？答：物质是可分的，它由极其微小的、肉眼看不见的微粒构成。这些微粒包括原子、分子、离子。例如：水是由水分子构成的，金是由金原子构成的，氯化钠是由钠离子和氯离子构成的。这些微粒的性质决定了物质的化学性质，不同的物质由不同的微粒构成，具有不同的化学性质，物理性质是由大量微粒体现的。那么，让我们一起来认识这些神秘的微观粒子吧？

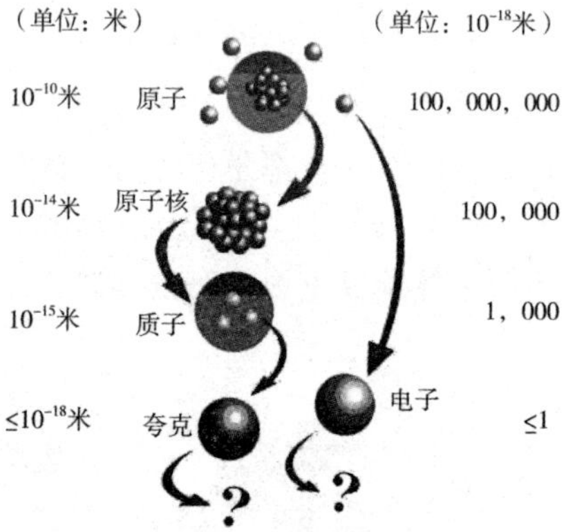

◆迄今为止我们对物质结构的认识

保真的最小单元——分子

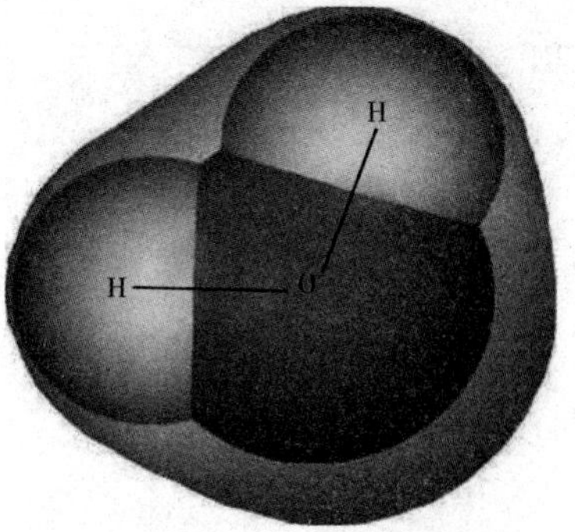

◆水分子模型

分子是保持物质化学性质的最小微粒，所以我们称之为保真的最小单元。分子是由原子构成的。而分子结构是什么呢？它是建立在光谱学数据上，用以描述分子中原子的三维排列方式的东西，所以它涉及原子在空间的位置，通常情况下可以用它与周围原子的成键情况来描述，成键的信息包括键长、键角以及相邻三个键之间的二面角。拿水分子举个例子，水分子中 2 个氢原子都连接到一个中心氧原子上，所成键角是 104.5°。分子结构对物质的物理与化学性质有决定性的影响。

分子之间有空隙。最好的证明就是：取50毫升酒精和50毫升水，混合之后，体积却小于100毫升。

最简单的分子是氢分子，1 克氢包含 1023 个以上的氢分子。分子中原子的空间关系并不是固定的，除了分子本身在气体或液体中的平动外，分子结构中的各部分也都处于连续的运动中，因此分子结构与温度有关。分子所处的状态（固态、液态、气态、溶解在溶液中或吸附在表面上）不同，分子的精确尺寸也不同。

知识库——物理性质与化学性质的区别

初中化学中会学到物质的化学性质与物理性质，这里做一个小小的总结。

物理性质：物理变化中所表现出来的性质。物理性质的表现过程中不需要发生化学变化，也就是没有生成新的物质。如：物体的颜色、气味、状态等都是物质的物理性质；化学性质：物质在化学变化过程中所表现出来的性质。化学变化的标志是有新的物质生成。例如：可燃性、氧化性、还原性等都是物质的化学性质。

革命的小砖头——原子

什么是原子？

原子是化学反应的基本微粒，这也是我们称原子为革命的小砖头的原因。原子在化学反应中不可分割，它的直径的数量级大约是 10^{-10} 米。原子质量极小，并且99.9%的质量集中在原子核上。原子核外分布着电子，电子跃迁形成光谱，电子决定了一个元素的化学性质，并且对原子的磁性有着很大的影响。所有质子数相同的原子组成元素，每一种元素至少有一种不稳定的同位素，会进行放射性衰变。原子最早是哲学上具有本体论意义的抽象概念，随着人类认识的进步，原子从抽象的概念逐渐成为科学的理论。

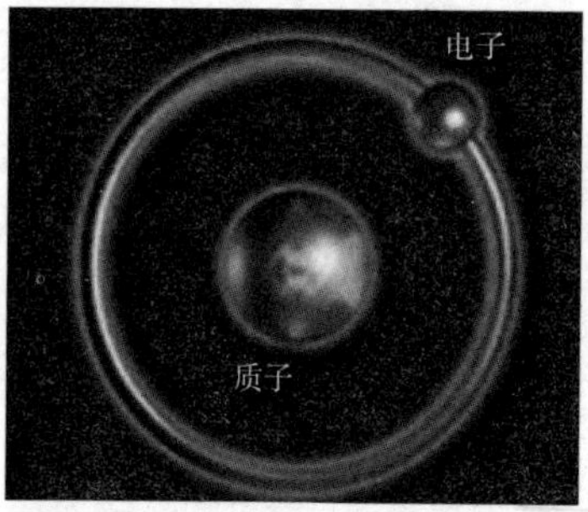

◆卢瑟福提出的原子模型

◆原子结构

讲解：什么是同位素?

◆碳的一种同位素——12^C

同位素是具有相同原子序数的同一化学元素的两种或多种原子之一。例如氢有三种同位素，H 氕、D 氘（又叫重氢）、T 氚（又叫超重氢）；碳有多种同位素，例如^{12}C、^{14}C等。在19世纪末先发现了放射性同位素，随后又发现了天然存在的稳定同位素，并测定了同位素的丰度。大多数天然元素都存在几种稳定的同位素。同种元素的各种同位素质量不同，但化学性质几乎相同。许多同位素有重要的用途，例如^{12}C是作为确定原子量标准的原子；两种 H 原子是制造氢弹的材料；^{235}U是制造原子弹的材料和核反应堆的原料。到目前为止，已发现的元素有 109 种，只有 20 种元素未发现稳定的同位素，但所有的元素都有放射性同位素。

大多数的天然元素都是由几种同位素组成的混合物，稳定同位素约有300多种，而放射性同位素竟达1500种以上。

原子结构模型发展史

你知道吗？

玻尔理论的缺陷是无法处理原子的谱线强度、宽度、偏振及精细结构。物理学家德布罗意、薛定谔和海森堡等人，经过 13 年的艰苦论证，现代量子力学模型在玻尔原子模型的基础上，引入了更多的量子数、包括主量子数、角量子数、磁量子数、自旋量子数等，很好地解释了许多复杂的光谱现象。

一般一种新粒子被发现之后，人们首先会探究它的结构。原子结构的探索经历了很长一个阶段的发展。历史上比较有影响力的原子模型有：道尔顿的原子模型、汤姆逊的葡萄干布丁模型、卢瑟福的有核原子模型、日本物理学家长冈半太郎的土星模型、玻尔的原子模型等。其中以玻尔的原子模型最为著名。玻尔原子结构模型是在卢瑟福有核原子模型的基础上发展而来的，其基本观点是：

◆玻尔

（1）原子中的电子在具有确定半径的圆周轨道上绕原子核运动，不辐射能量。

（2）在不同轨道上运动的电子具有不同的能量，且能量是量子化的，轨道能量值依 n（1，2，3，…）的增大而升高，n 称为量子数。而不同的轨道则分别被命名为 K（$n=1$）、L（$n=2$）、N（$n=3$）、O（$n=4$）、P（$n=5$）。

（3）当且仅当电子从一个轨道跃迁到另一个轨道时，才会辐射或吸收能量。如果辐射或吸收的能量以光的形式表现并被记录下来，就形成了光谱。

玻尔理论成功地解释了原子的稳定性、大小及氢原子光谱的规律性。玻尔由于研究原子结构和原子辐射的贡献，荣获 1922 年诺贝尔物理学奖。玻尔理论中的定态、量子化、跃迁等概念现在仍然有效，它对量子力学的发展贡献很大。

链接——卢瑟福

◆卢瑟福和他的同事

1978 年诺贝尔物理奖获得者俄罗斯科学家卡皮查是卢瑟福的学生，他这样评价卢瑟福："卢瑟福不仅是一位伟大的科学家，而且也是一位伟大的导师，在他的实验室中培养出如此众多的杰出物理学家，恐怕没有一位同时代的科学家能与卢瑟福相比。科学史告诉我们，一位杰出科学家不一定是一位伟人，而一位伟大的导师则必须是伟人。"

得失之间——离子

◆离子

在化学变化中，电中性的原子经常会得到或者失去电子而成为带电荷的微粒，这种带电的微粒叫作离子。电子从外界获得的能量超过某个壳层电子的结合能，那么这个电子就可脱离原子的束缚成为自由电子。一般最外层电子数少于 4 的原子或半径较大的原子，较易失去电子（一般为金属元素，如：钾 K，钙 Ca 等）；而最外层电子数不少于 4 的原子（一般为非金属元素，如：硼 B，碳 C 等）则较易获得电子。当原子的最外层电子轨道达到饱和状态（第一周期元素 2 个壳层电子、第二第三周期元素 8 个电子）时，性质最稳定，一般为稀有气体。当原子得到一个或几个电子时，核外电子数多于核电荷数，从而带负电荷，称为阴离子。当原子失去一个或几个电子时，核外电子数少于核电荷数，从而带正电荷，称为阳离子。

你知道吗？

烧伤之后怎么做？

人烧伤失去的离子多还是水多，要分情况而论，一方面“离子”和“水”的衡量单位不一样，所以不好确切说明。但另一方面人体内的“体液”是等渗状态的，所以从这个方面来讲就比较好说了，即“人烧伤失去的离子和水是等渗的”，因此也有等渗性脱水、低渗性脱水、高渗性脱水之说。所以，烧伤时，人体应该随时补充当时丢失的离子和水，保持内环境的稳定。

在化合物的原子间进行电子转移而生成离子的过程称为电离，电离过程所需的或放出的能量称为电离能。电离能越大，意味着原子越难失去电子。阴、阳离子间以离子键组成的化合物叫离子化合物，如可溶于水的酸、碱、盐，当在水中溶解并电离时，恒定条件下，处于离子状态的比例和处于分子状态的比例达到动态平衡，称为离子平衡。

拓展思考

1. 分子是可以再分的吗，哪些物质是由分子组成的？
2. 同位素与同素异构体的区别是什么？
3. 原子、分子、离子的联系与区别是什么？
4. 离子化合物与共价化合物的区别是什么？
5. 主量子数、角量子数、磁量子数以及自旋量子数的区别是什么？

分到尽头，谁在等你——基本粒子

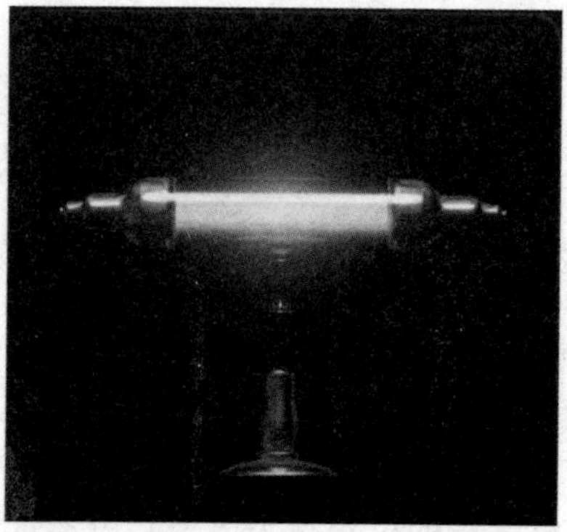
◆汤姆生发现电子

物质是由分子构成的，分子是由原子构成的，那么原子可以不可以再分呢？1897年，剑桥大学卡文迪许实验室的约瑟夫·汤姆生在研究阴极射线时发现了电子，电子的发现使人类知道原子还是可分的。那么电子能否再分呢？像剥洋葱那样一层一层剥离，一直分下去，那么分到尽头，谁在等你？有没有尽头呢？构成物质的最最基本的单元是什么？到20世纪20年代，组成原子的电子、质子和中子相继被发现，当时，人们便称这三种粒子为基本粒子。到20世纪后期，科学家们相继发现了几十种长寿命的粒子和数百种短寿命的粒子，物理学家们越来越怀疑它们是否都是基本粒子，开始时猜想这诸多粒子中可能有一些是更基本的，后来又设想某些粒子可能还有其内部结构……是不是觉得很神奇呢？让我们一起来了解这个探微之旅吧！

基本粒子

粒子物理学标准模型中，物质是由12种基本粒子构成的，这其中包括6种夸克和6种轻子。夸克又包括下、上、奇异、粲、底、顶6种，轻子则包括电子、电子中微子、μ子、μ子中微子、τ子和τ子中微子6种，粒子物理学标准模型中的12种基本粒子已全部被直接探测到，这是人类目前所达到有实验证据支持的物质结构的最深层次。现在我们从这些基本粒子来解释一下原子的构成。首先，夸克等基本粒子构成亚原子，质子和中子属于亚原子（质子由 2 个 u 夸克和一个 d 夸克组成），然后质子和中子等亚原子构成原子。夸克的发现使得人们对物质结构的认识上升到了新的高度，并启发人们进一步探索整个自然界内在的统一性。

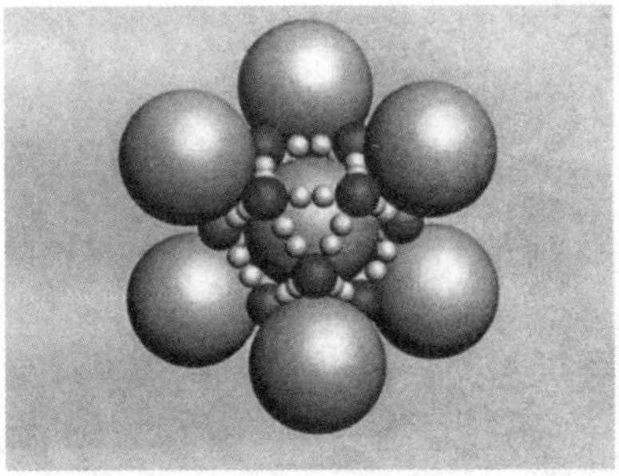

◆夸克和宇宙

万 花 筒

夸克的发现

1963 年，美国物理学家盖尔曼提出了夸克模型，假定质子、中子等质量比较大的粒子是由三种不同类型的夸克及其反粒子组成的。1967～1973 年间，美国物理学家弗里德曼、肯德尔和加拿大物理学家泰勒在实验中相继发现了夸克存在的证据。一个质子和一个反质子在高能下碰撞，可以产生一对几乎自由的夸克。

基本粒子的主要特征

首先，粒子的大小是粒子的重要特征。基本粒子尺寸都是非常小的，比原子、分子小得多，现有最高倍的电子显微镜也不能观察到。这点是很容易理解的，因为它们是构成其他粒子的基础。比如：质子、中子的大

◆基本粒子

◆反粒子

◆费米子

小，只有原子的 10^{-5}。而轻子和夸克的尺寸更小，还不到质子、中子的 10^{-4} 呢。

粒子的质量是粒子的另外一个主要特征量。光子、胶子都是无质量的，电子质量很小，π 介子质量为电子质量的 280 倍。质子、中子都很重，接近电子质量的 2000 倍，已知最重的粒子是顶夸克。已发现的 6 种夸克，从下夸克到顶夸克，质量从轻到重。中微子的质量非常小，目前已测得的电子中微子的质量为电子质量的七万分之一，已非常接近零。

粒子的寿命是粒子的第三个主要特征量。电子、质子、中微子是稳定的，被称为“长寿命”粒子，质子是最稳定的粒子，实验已经测得的质子寿命大于 10^{33} 年。而其他绝大多数的粒子都是不稳定的，也就是说，它们会衰变。

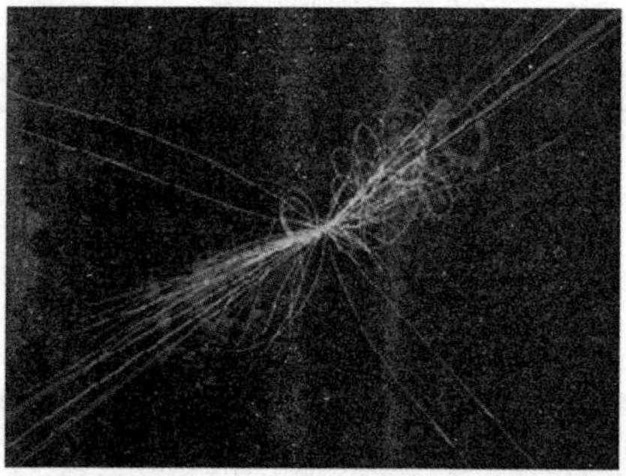

◆费米子

再者，粒子具有对称性，有一个粒子，必存在一个反粒子。1932 年科学家发现了一个与电子质量相同但带一个正电荷的粒子，称为正电子。后来又发现了一个带负电、质量与质子完全相同的粒子，称为反质子。随后各种反夸克和反轻子也相继被发现。

粒子的产生和衰变过程还要遵循能量守恒定律，微观世界的粒子具有双重属性：粒子性和波动性。

粒子还有自旋属性，粒子的自旋不像地球自转那样是连续的，而是一跳一跳地旋转着的。根据自旋倍数的不同，科学家把基本粒子分为玻色子和费米子两大类。费米子是像电子那样的粒子，有半整数自旋；而玻色子是像光子那样的粒子，有整数自旋（如 0，1，2 等）。这种自旋差异使费米子和玻色子有完全不同的特性。没有任何两个费米子能有同样的量子态：它们没有相同的特性，也不能在同一时间处于同一地点；而玻色子却能够具有相同的特性。基本粒子中所有的物质粒子都是费米子，是构成物质的原材料；而传递作用力的粒子都是玻色子。

知识窗

泡利不相容原理

泡利原理是指在原子中不能容纳运动状态完全相同的电子，即不能两个以上的费米子出现在相同的量子态中。如氦原子的两个电子，都在第一层（K层），电子云形状是球形对称、只有一种完全相同伸展的方向，自旋方向必然相反。

知识广播

一对正、反粒子相碰会湮灭，变成携带能量的光子，即粒子质量转变为能量；反之，两个高能粒子碰撞时有可能产生一对新的正、反粒子，即能量也可以转变成具有质量的粒子。

基本粒子的相互作用

基本粒子按照其质量、寿命、自旋以及参与的相互作用等性质，可分为轻子、强子（重子、介子），以及相互作用的传递子等。这些基本粒子所组成的基本粒

美国加州大学河滨分校的物理学家们合成一种由普通粒子和反粒子共同组成的“氢”分子。这种新“氢”分子的中心区域缺乏较“重”的原子核，代替原子核位置的是一种较轻的反粒子——正电子。

◆温伯格（左）和里根

子世界中存在着四种相互作用，即引力相互作用、电磁相互作用、强相互作用和弱相互作用。引力作用在微观世界中太弱因此可以不考虑。

温伯格和萨拉姆等以夸克模型为基础，完成了描述电磁相互作用和弱相互作用的弱电统一理论。他们因此而获 1979 年诺贝尔物理学奖。目前科学家们想把强相互作用和引力相互作用也统一进来，但困难比较大。

1956 年杨振宁、李政道提出在电磁相互作用和强相互作用中基本粒子遵循一定的对称和守恒定律，但在弱相互作用中宇称是不守恒的，他们因此获 1957 年诺贝尔物理学奖。

名人介绍：诺贝尔奖获得者——杨振宁

◆杨振宁

杨振宁，安徽省合肥县人。著名美籍华裔科学家、物理学大师。1957 年由于与李政道提出的“弱相互作用中宇称不守恒”理论被实验证明而共同获得诺贝尔物理学奖。他在统计物理、凝聚态物理、量子场论、数学物理等领域做出多项卓越的重大贡献。他是这样自我评价的：“一生最重要的贡献是帮助改变了中国人自己觉得不如人的心理”。这是一颗拳拳爱国之心的动人表白。学术权威界介绍道：杨振宁是继爱因斯坦和狄拉克之后 20 世纪物理学界出类拔萃的设计师。一颗由中国科学院紫金山天文台于 1975 年 11 月 26 日发现的、国际正式编号为 3421 号的小行星，被国际小行星命名委员会命名为“杨振宁星”。

基本粒子的共振态

所有的基本粒子都是共振态，共振态的发现其实已经揭开了基本粒子的秘密，即所有的基本粒子都是共振态。共振态分两类，一类是不稳定的，如强子类；另一类是稳定的，如电子、中子等。它们不容易发生自发衰变。实际上，不存在绝对稳定的基本粒子，如，电子在一定的条件下也会湮灭（与正电子相遇时）。产生基本粒子的外因是物质波的交汇，交汇处形成波包。内因是交汇处发生了共振，客观表现为基本粒子的产生。

你知道吗？

寿命极短的粒子被称为共振态。已观测到的强子大多是共振态。当粒子寿命非常短时，很难在探测器中留下径迹，即不能直接被观测到，只能通过其衰变产物的反应截面来观测。通常反应截面有类似共振现象的增强，因而被称为共振态。

1968年诺贝尔物理学奖授予美国加利福尼亚州立大学的阿尔瓦雷斯，以表彰他对基本粒子物理学的决定性贡献，特别是发现了许多共振态，这些发现是由于他发展了氢泡室技术和数据分析方法才成为可能的。

◆阿尔瓦雷斯

英雄榜

1933年，狄拉克关于正电子存在的预言被证实，1936年安德森因此获得诺贝尔物理学奖。

1955年塞格雷和钱伯林利用高能加速器发现了反质子，他们因此获1959年诺贝尔物理学奖。

1959年王淦昌等人发现了反西格玛负超子。

◆汤川秀树

◆鲍威尔

1956年，莱因斯等直接探测到铀裂变过程中所产生的反中微子，他因此获1995年诺贝尔物理学奖。

1968年，人们探测到了来自太阳的中微子。

1947年鲍威尔利用自己发明的照相乳胶技术在宇宙线中找到了1934年汤川秀树提出的介子场理论中预言的介子，汤川秀树获1949年诺贝尔物理学奖，鲍威尔获1950年诺贝尔物理学奖。

名人名言

李政道的名言

“数学的运用能力是很重要的，因为方程式就是工具。”

“研究是一件连续不断的事情。”

“你不能计较早晨或黄昏，一天二十四小时都是你的工作时间。”

1951年费米首次发现共振态粒子以来，至20世纪80年代已发现的共振态粒子达300多种。

广角镜——粒子物理面临十大问题悬而未解

（1）是否存在未发现的自然规律，如新的对称性和新的物理规律？

（2）是否存在额外维空间？

（3）能否把自然界所有的力统一为一种力？

◆粒子物理

◆2008 第十届全国粒子物理学术会

(4) 为什么存在如此多的种类不同的粒子？

(5) 为什么夸克和轻子只有三代？粒子质量的起源是什么？

(6) 什么是暗物质？如何在实验室中产生它？

(7) 什么是暗能量？

(8) 中微子能给我们什么启示？它如此微小的质量及其在宇宙演化中的作用实在是个谜。

(9) 宇宙是如何形成的？如果宇宙大爆炸理论是对的，那么大爆炸之前是什么？

(10) 为什么今天宇宙中只有物质而没有反物质？

拓展思考

1. 原子核是基本粒子吗？
2. 轻子是最轻的吗？
3. 什么是粒子加速器，用途是什么？
4. 怎样探测基本粒子的运动轨迹，有哪些方法？

原子的成就者
——电子质子中子

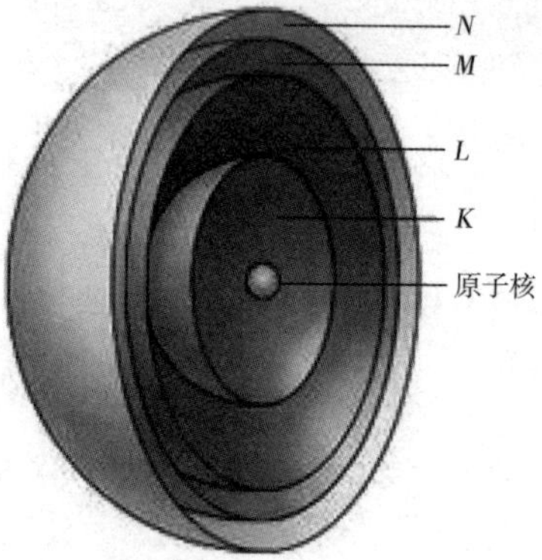

◆原子核

几乎所有的原子都含有电子、质子、中子这三种微粒。说到电子，你可能会联想起一连串的名词：电荷、电量、电流、电离、那么，电子跟它们之间到底有什么区别和联系呢？质子带正电，与中子一起构成原子核，然后再连同核外电子一起构成原子，那么，电子在原子核的外层又是怎么排布的呢？接下来，就让我们一一来清晰这些概念，一一来揭秘这些困惑……

电　子

什么是电子

知识窗

洛伦兹力

从阴极发射出来的电子束，在阴极和阳极间的高电压作用下，轰击到长条形的荧光屏上激发出荧光，可以在示波器上显示出电子束运动的径迹。实验表明，在没有外磁场时，电子束是沿直线前进的。如果把射线管放在蹄形磁铁的两极间，荧光屏上显示的电子束运动的径迹就发生了弯曲。这表明，运动电荷确实受到了磁场的作用力，这个力通常叫作洛伦兹力。

电子属于轻子，是构成原子的基本粒子之一，质量极小，带负电，直径是质子的0.001倍，重量只有质子的1/1836，单一电子的电荷量是1.6×10^{-19}库仑。在原子中，电子围绕原子核作高速旋转。不同原子的电子数目不同，例如，每一个碳原子中含有6个电子，而每一个氧原子中含有8个电子。能量高的电子离核较远，能量低的离核较近。通常把电子在原子中离核远近不同的区域内运动称为电子的分层排布。当原子之间互相作用结合成为分子时，在最外层的电子便会由一个原子转移到另一原子或者成为两原子彼此共享的电子。物质也可以得失电子，物质容易得到电子的性质叫氧化性，则此种物质被称为氧化剂；物质容易失去电子的性质叫还原性，则此种物质被称为还原剂。物质氧化或还原性的强弱由得失电子的难易程度决定，越容易得到电子，氧化性越强，越容易失去电子，还原性越强。

罗伯特·密立根用油滴实验测量了单一电子的电荷，并因此获得了诺贝尔将，“油滴实验”被评为“物理最美实验”之一。

电子核外排布

（1）电子是在原子核外距核由近及远、能量由低至高的不同电子层上分层排布；

（2）每层最多容纳的电子数为$2n^2$个（n代表电子层数）；

（3）最外层电子数不超过8个（第一层不超过2个），次外层不超过18个，倒数第三层不超过32个；

（4）电子一般总是尽先排在能量最低的电子层里，即先排第一层，当第一层排满后，再排第二层，第二层排满后，再排第三层。

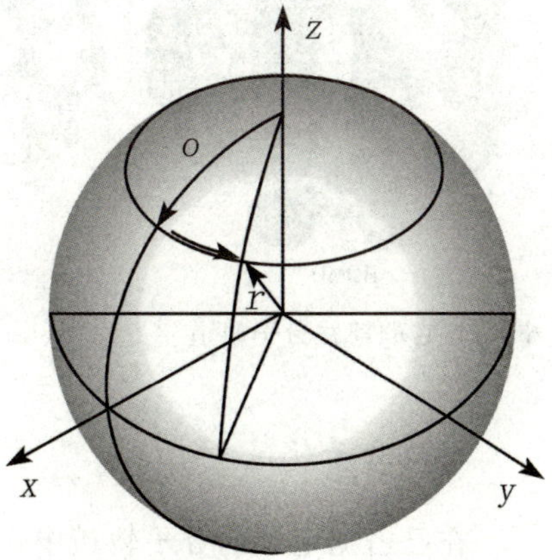

◆电子核外运动

电子的运动

电子云是电子在原子核外空间概率密度分布的形象描述，电子在原子

◆电子云

核外空间的某区域内出现，好像带负电荷的云笼罩在原子核的周围，人们形象地称它为“电子云”。

电子有波粒二象性，它不像宏观物体的运动那样有确定的轨道，它的运动轨迹并不确定，因此，我们画不出它的运动轨迹。1926 年奥地利学者薛定谔在的德布罗意关系式的基础上，对电子的运动作了适当的数学处理，提出了著名的薛定谔方程式。这个方程式的解，如果用三维坐标以图形表示的话，就是电子云。电子云是近代用统计的方法对电子在核外空间分布方式的形象描绘。

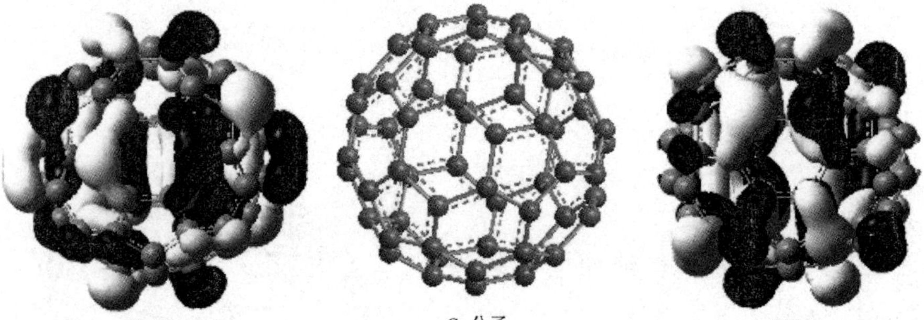

◆C_{60}与它的前线分子轨道

前线分子轨道

在已占据电子的分子轨道中，最高占有分子轨道和最低未占有分子轨道统称为前线轨道。通常，最高占有分子轨道用 HOMO 表示，最低未占有分子轨道用 LUMO 表示。处在前线轨道中的电子就像原子轨道中的价电子一样是化学反应中最活泼的电子，是有机化学反应的核心。因此，前线轨道在理论研究中备受重视。

质　子

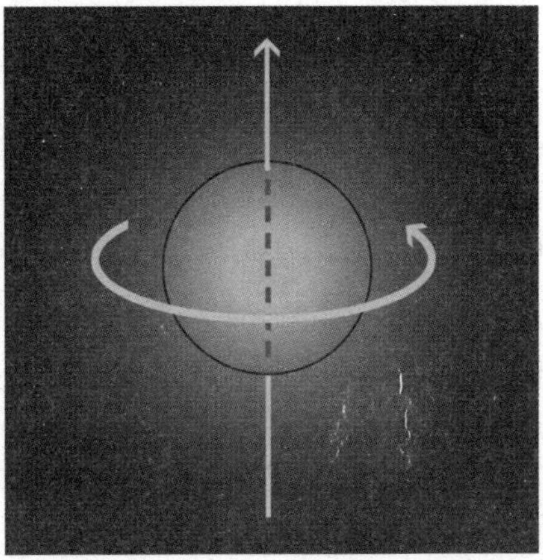
◆质子自转

质子是由三个夸克构成的：两个上夸克（每个自旋为1/2）和一个下夸克（自旋－1/2，因为它的自旋指向相反方向），质子的自旋为1/2，这是它的重要性质。但是，目前科学家们还难以完全解释清楚质子的自旋从何而来。质子静止质量938MeV，是电子的1836倍。带有＋1元电荷，量值与电子电荷绝对值相同。它和中子结合成各种原子核，如果加上电子，则组成各种元素。不同元素的组合构成了气象万千的物质世界。

质子是1919年卢瑟福任卡文迪许实验室主任时，用α粒子轰击氮原子核后射出的粒子。大部分原子的原子核由质子和中子在强相互作用下构成，而原子核中所含有的质子数等于该元素的原子序数。氢原子最常见的同位素比较特殊，它的原子核只由一个质子构成，在水中被溶解的氢离子实际上就是质子。

质子在化学和生物化学中起着非常大的作用。可以在水溶液中提供质子的物质一般被称为酸，可以在水溶液中吸收质子的物质一般被称为碱。酸碱是化学反应中常见的物质。

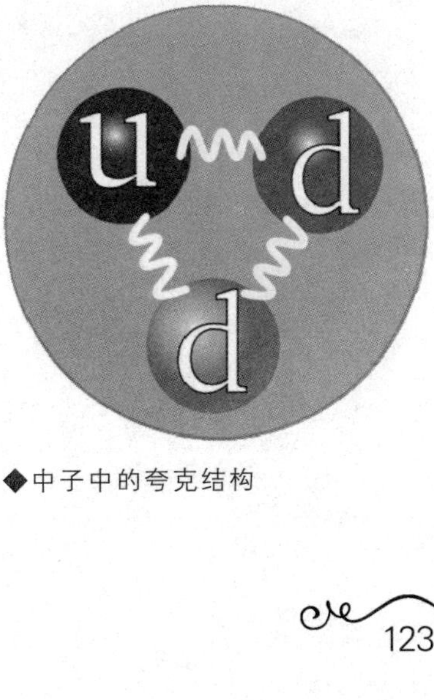

◆中子中的夸克结构

中　子

中子是组成原子核的核子之一。中子是1932年B·查德威克用α粒子轰击的实验中发现，并根据E·卢瑟福的建议命名的。中子电中性，其质量为1.6749286×10^{-27}千克，比质子的质量稍大，自旋为1/2，磁矩以核磁子作衡量单位为−1.91304275。自由中子是不稳定的粒子，可通过弱作用衰变为质子，放出一个电子和一个反电子中微子，平均寿命为896秒。中子是费米子。

中子是研究核反应很好的轰击粒子，由于它不带电，即使能量很低，也能引起核反应。中子还在核裂变反应中起重要作用。电中性的中子不能产生直接的电离作用，无法直接探测，只能通过它与核反应的次级效应来探测。

广角镜——电流

电流，是指电荷的定向移动。电源的电动势形成了电压，继而产生了电场力，在电场力的作用下，处于电场内的电荷发生定向移动，形成了电流。物理上规定电流的方向，是正电荷定向移动的方向。电荷指的是自由电荷，在金属导体中的电子是自由电子，在酸、碱、盐的水溶液中是正、负离子。

1.物质得到的电子越多，说明物质的氧化性越强。
2.电荷量是一种粒子。
3.电子的运动有固定的轨道。
以上几种说法正确码?

在电源外部电流沿着正电荷移动的方向流动，在电源内部由负极流回正极。

拓展思考

1. 什么是等离子体，有哪些实际应用?
2. 电子、质子、中子在现实中分别有哪些应用?
3. 光谱是怎么形成的?
4. 什么是中子弹?

宇宙间的“隐身人”——中微子

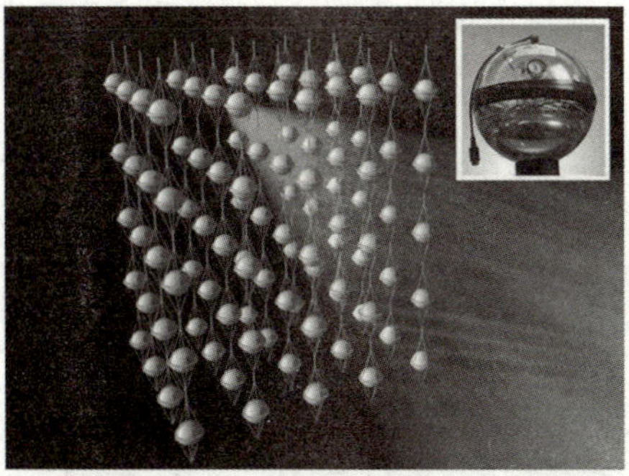
◆中微子

它是核衰变过程中窃走能量的那个“小偷”；它可以像《封神榜》中的土行孙那样，神不知、鬼不觉地钻入地下；它是一个勇士，能潜身海底、穿越高山、遨游太空、出入于厚硕无比的金属墙，真是所向披靡，它甚至连穿透硕大的地球也不在话下，简直如入无人之境；它还被称为是宇宙间的“隐身人”；它是个“狡猾的家伙”，很难被捕捉；它的出现，导致了一种新的天文观测手段的产生；它的出现，可能会引起一场通信革命……

一个小小的它为什么能拥有这么多神奇的头衔呢？它，究竟是谁呢？它，就是中微子！让我们一起来看看它是何以如此神通广大的吧！

什么是中微子

中微子是轻子的一种，其自旋为1/2。中微子有三种：电子中微子、μ子中微子和τ子中微子，分别对应于相应的轻子：电子、μ子和τ子。所有中微子都不带电荷，不与磁相互作用。中微子只参与非常微弱的弱相互作用，具有最强的穿透力。穿越地球直径那么厚的物质，在100亿个中微子中只有一个会被地球捕获并与物质发生反应，也正因为如此，中微子的探测变得非常困难。中微子在燃烧的、正常的恒星火焰内部和即将消亡的恒星的超新星爆炸中产生，因为它的神秘，也被人们称之为“幽灵粒子”。

知识窗

中微子的四大优点

1. 速度快。以接近光速的速度行进。

2. 穿透力强。不管高山深海，还是岩石金属，它都一穿而过，似乎没有东西可以阻拦它前进。

3. 方向性好。不会反射、折射、散射，能量损耗极小。

4. 不受干扰。中微子不带电，不会受任何物质包括核辐射的影响。

中微子的探测

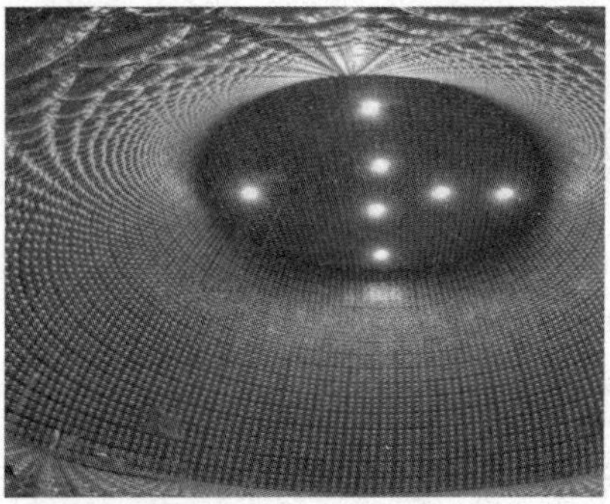

◆日本中微子观察站

◆中微子观察站

为了探测发自太阳的中微子，20世纪60年代晚期，在美国物理学家弗雷德里希·莱因斯的领导下，在南达科他州一个深达1500米的金矿中建造了中微子探测器，装了38万升四氯乙烯溶液，用于测量太阳的中微子流量。因为只有中微子能轻而易举地穿透地面，到达这样的深度，其他的粒子则几乎不能。后来，各种探测太阳中微子的设备基本上都处在深深的废弃矿井中。

日本超级神冈探测器（Super－K）计划是有史以来人类进行的最为复杂的科学试验，它的目标是捕获中微子。科学家希望通过向超级神冈探测器发射一束强烈的介子中微子束，测量它们中有多少转变成其他电子中微子，以更好地了解这种粒子的性质。每秒从这个探测器穿过的数亿万颗中微子中，只有为数不多的一些会被该探测器捕捉到。这些中微子束是在日本东海岸大约 295 千米的地下生成的。因为中微子几乎不跟任何物质相互作用，所以在传输过程中并不需要管道。而且只有当电子中微子与水里的氢原子核发生反应，转变成电子时，科学家才能发现它。这种电子在真空中的速度大约是光速的 99.999%，在水中的传播速度比光速更快，它的速度变慢时，会发射出蓝光。探测器是由一个盛着 5 万吨超纯水的圆柱形不锈钢罐组成。这个容器里面对面安装了 1.1 万多个光电倍增管，用来收集大罐发射的蓝光。

由于探测技术的提高，人们可以观测到来自天体的中微子，导致了一种新的天文观测手段的产生。很多国家都在积极建造中微子天文望远镜。

万花筒

中微子振荡

中微子振荡是指中微子在飞行过程中从一种形态转化为另一种形态的现象。以日本东京大学宇宙射线研究为中心的一个国际实验小组成功地观测到了中微子振荡现象的全过程。中微子在飞行过程中，部分 μ 中微子先转化成了观测不到的 τ 中微子，τ 中微子继续飞行，又转化成 μ 中微子。随着飞行距离的延长，中微子周而复始地发生着这种形态转化，呈现周期性的振荡现象。

广角镜——中微子的研究史

1930 年，德国科学家泡利预言中微子的存在。

1956 年，美国莱因斯和柯万在实验中直接观测到中微子，莱因斯获 1995 年诺贝尔物理学奖。

1962 年，美国莱德曼、舒瓦茨、斯坦伯格发现第二种中微子——μ 中微子，获1988年诺贝尔物理学奖。

1968年，美国戴维斯发现太阳中微子失踪，获2002年诺贝尔物理学奖。

1985年，日本神岗实验和美国IMB实验发现大气中微子反常现象。

◆美国费米实验室鸟瞰图

◆“心宿二”（ANTARES）中微子望远镜模拟图

1987年，日本神冈实验和美国IMB实验观测到超新星中微子。日本小柴昌俊获2002年诺贝尔物理学奖。

1989年，欧洲核子研究中心证明存在且只存在三种中微子。

1995年，美国LSND实验发现可能存在第四种中微子——惰性中微子。

1998年，日本超级神冈实验以确凿证据发现中微子振荡现象。

2000年，美国费米实验室发现第三种中微子，τ中微子。

2001年，加拿大SNO实验证实失踪的太阳中微子转换成了其他中微子。

2002年，日本KamLAND实验用反应堆证实太阳中微子振荡。

2003年，日本K2K实验用加速器证实大气中微子振荡。

2006年，美国MINOS实验进一步用加速器证实大气中微子振荡。

日本中微子研究具有世界领先水平，东京大学名誉教授小柴昌俊和美国科学家雷蒙德·戴维斯因在探测宇宙中微子方面取得的成就而获得2002年诺贝尔物理学奖。

2007年，美国费米实验室MiniBooNE实验否定了LSND实验的结果。

中微子束通信

继依靠电磁波传输信息的微波通信、卫星通信、光纤通信之后，一种新颖的通信手段接踵而来，不受任何气候条件限制，通信信号也不会被任何手段所中断，可以穿过高山，通过海洋，能从某一地点直线地穿过地球到达另一地点，它就是可以运载信息钻地入海的神奇的中微子束通信。

◆国际宇宙通信组织

◆中微子研究中心

中微子束通信是利用中微子运载信息的一种通信方式。中微子的各种优点使它成为一种十分诱人的理想信息载体。中微子通信的设想提出已有多年，但如何方便地发射和探测中微子，把信息有效地调制给中微子和解调出来，还都是有待解决的难题，目前尚在探索之中。

待解决的问题

中微子有大量谜团尚未解开。首先它的质量尚未直接测到，大小未知；其次，它的反粒子是它自己还是另外一种粒子；第三，中微子振荡还有两个参数未测到，而这两个参数很可能与宇宙中反物质缺失之谜有关；第四，它有没有磁矩等等。因此，中微子成了粒子物理、天体物理、宇宙学等的研究热点，相信科学的明天会更好！

电磁相互作用的使者——光子

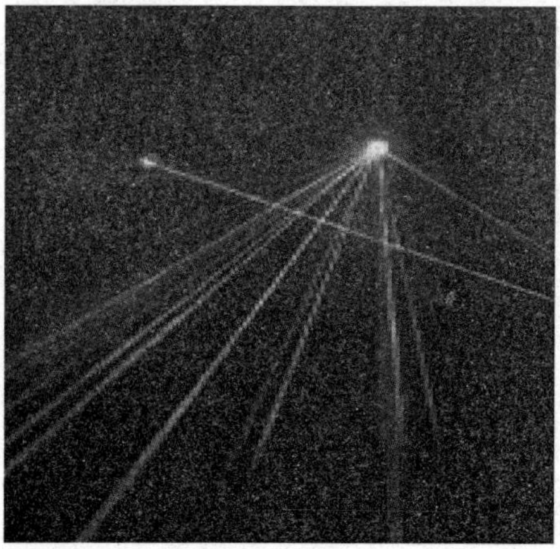

◆激光

它属于规范玻色子，是传递电磁相互作用的基本粒子，它无法静止，所以它没有静止质量，它在和物质相互作用时不像经典的粒子那样可以传递任意值的能量，它只能传递量子化的能量，因为它的能量像是一份一份的，在空间传播的光（即电磁辐射）也是由它组成的，激光、光谱的形成也与它有关，它的特性在现实中有很多应用……

那么，它是谁呢？它的原始称呼叫光量子，现在我们称之为光子，生命的诞生、人类的生存以及宇宙对人类的影响都是由光子信息来完成的。现在，让我们一起来近距离的看清它。

光子的发现

光子，一开始也被称为光量子，电磁辐射的量子，传递电磁相互作用的规范粒子。

（1）1900 年，M·普朗克解释黑体辐射能量分布时做出量子假设，物质振子与辐射之间的能量交换是不连续的，一份一份的，每一份的能量为 $h\upsilon$。

（2）1905 年 A·爱因斯坦进一步提出光波本身就不是连续的而具有粒子性，爱因斯坦称之为光量子。

(3) 1923年A·H·康普顿成功地用光量子概念解释了X光被物质散射时波长变化的康普顿效应，从而光量子概念被广泛接受和应用。1926年正式命名为光子。

动手做一做

去网上了解一下光子的发现跟哪几个著名的实验有关吧：

1. 去搜索网站；
2. 搜索："光子的发现实验"，这个时候你将会发现许多跟光子的发现有关的著名实验，如黑体辐射、光电效应、康普顿效应；
3. 了解一下这些实验的原理及细节，学习科学的思维方式。

广角镜——罗俊教授重新确定光子静止质量上限

华中科技大学教授重新确定光子静止质量上限，有业内人士认为：光子静止质量为零是经典电磁理论的基本假设之一。但有些科学家则认为，光子可能有静止质量。如果实验最终检测到光子存在静止质量，那么有些经典理论将要有所变化。

◆罗俊

在2003年2月28日出版的美国《物理学评论快报》(Physical Review Letters)上，有专文介绍说："一项由中国科学家罗俊等完成的新的实验表明，在任何情况下，光子的静止质量都不会超过10^{-54}千克，这一结果是之前已知的光子质量上限的1/20。"罗俊和他的同事通过一种新颖的实验方法，在一个山洞实验室里将光子静止质量的上限，进一步提高了至少一个数量级。

据悉，如果光子存在静止质量，虽然不会影响到人们的日常生活，但其产生的后果将是根本性的——例如，光速将随波长的改变而变化，并且光波将像声波一样能够产生纵向振动。

光子的特点

光子属于微观粒子，具有波粒二象性。从波的角度看，光子具有两种可能的偏振态和三个正交的波矢分量，决定了它的波长和传播方向；从粒子的角度看，光子静止质量为零，电荷为零，半衰期无限长。光子是自旋为 1 的规范玻色子，因而轻子数、重子数和奇异数都为零。

◆氢分子被高能光子击中后四分五裂

光子的用途

◆新型纳米装置将光子变为机械能

工程和化学中的应用

普朗克的能量公式经常在工程和化学中被用来计算存在光子吸收时的能量变化，以及能级跃迁时发射光的频率。例如在荧光灯的发射光谱的设计中会用不同能级的电子去碰撞气体分子，直到有合适的能级能够激发出荧光。

双光子激发显微镜

在某些情形下，单独一个光子无能力激发一个能级的跃迁，而需要有两个光子同时激发。这就提供了更高分辨率的显微技术，因为样品只有在两束不同颜色的光所照射的高度重叠的部分之内才会吸收能量，而这部分的体积要比单独一束光照射到并引起激发的部分小很多，这种技术被应用于双光子激发显微镜中。而且，应用弱光照射能够减小光照对样品的影响。

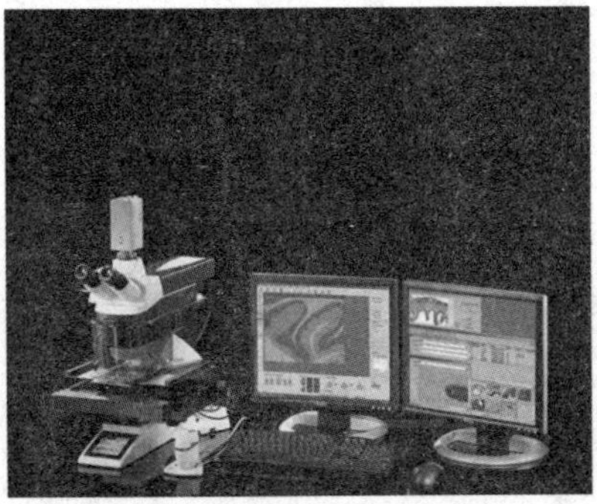

◆光电倍增管

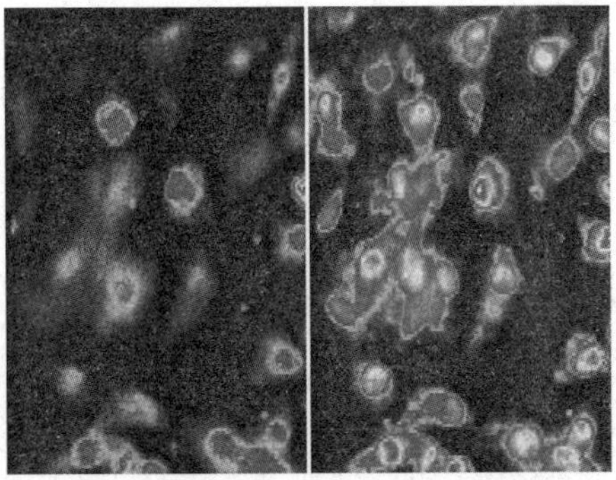

◆荧光共振能量转移

测分子间距

有时候两个系统的能级跃迁会发生耦合，即一个系统吸收光子，而另一个系统从中“窃取”了这部分能量并释放出不同频率的光子。这是荧光共振能量传递的基础，被应用于测量分子间距中。

光子可能是超快的量子计算机的基本运算元素，在这方面重点研究的对象是量子纠缠态。而且光子是光通信领域某些方面的关键因素，尤其是量子密码学中。

单个光子的检测

对单个光子的探测可用多种方法，传统的光电倍增管利用光电效应：当有光子到达金属板激发出电子时，所形成的光电流将被放大引起雪崩放电。电荷耦合元件（CCD）应用半导体中类似的效应，入射的光子在一个微型电容器上激发出电子从而可被探测到。其他探测器，如盖革计数器利用光子能够电离气体分子的性质，从而在导体中形成可检测的电流。

◆光电倍增管

光与光子

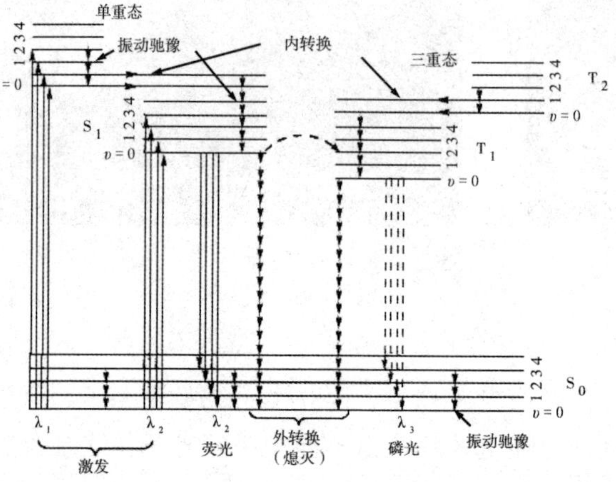

◆能级跃迁

关于光的产生，最经典的理论就是原子能量跃迁发射光子的理论。该理论认为，原子从能量场或者受到能量物质的撞击中获得能量后其电子能级就会产生从低能级向高能级的跃迁，并吸收能量。同理，当其电子自发地或者因为激发作用从高能级向低能级跃迁时就会发射出光子释放能量。光就是原子从高能级向低能级跃迁时辐射的具有能量的"光物质"——光子。原子在始、末两个能级 E_m 和 E_n 间跃迁时发射或吸收的光子的频率由下式决定：$hv=E_m-E_n$（$m>n$ 时发射光子，$m<n$ 时吸收光子）。这个理论有大量的计算公式证实了原子在发光过程中的能量交换现象，并被认为比较"圆满"地解释了发光的原理。

激　光

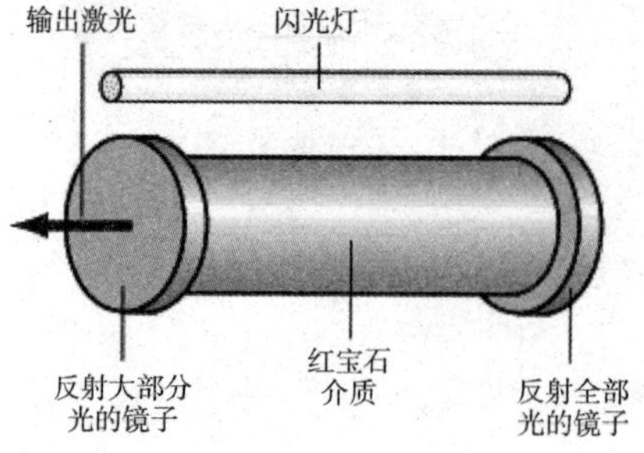

◆红宝石激光器

把一段激活物质放在两个互相平行的反射镜（其中至少有一个是部分透射的）构成的光学谐振腔中，处于高能级的粒子会产生各种方向的自发发射。其中，非轴向传播的光波很快逸出到谐振腔外；轴向传播的光波却能在腔内往返传播，当它在激光物质中传播时，光强不断增长。如果谐振腔内单程信号增强大于单程信号损耗，则可产生自激振荡。

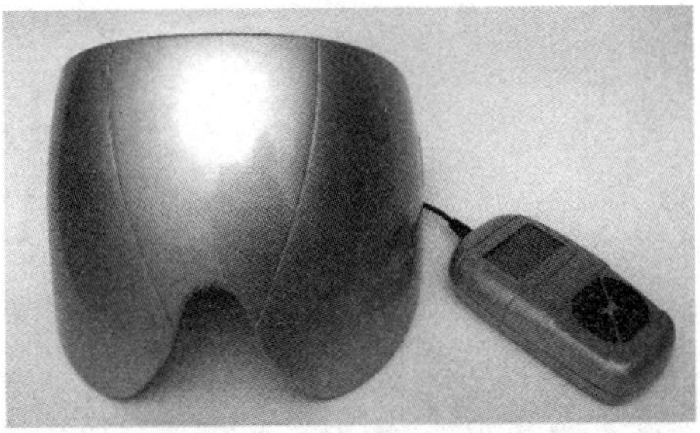

◆激光美容面罩

原子的运动状态可以分为不同的能级，当原子从高能级向低能级跃迁时，会释放出相应能量的光子（即所谓自发辐射）。与此相反，当一个光子入射到一个能级系统并为之吸收的话，会导致原子从低能级向高能级跃迁（即所谓受激吸收）；然后，部分跃迁到高能级的原子又会跃迁到低能级并释放出光子（即所谓受激辐射）。这些运动不是孤立的，而往往是同时进行的。当我们创造一种条件，譬如采用适当的媒质、共振腔、足够的外部电场，受激辐射得到放大从而比受激吸收要多，那么总体而言，就会有更多光子射出，从而产生激光。激光产生的关键是使得受激辐射得到放大从而比受激吸收多，这叫粒子数反转。

激光有一系列的优点，例如：准直性非常好；高度极高；颜色极纯；能量极大。

万 花 筒

光子嫩肤

光子嫩肤实际上就是利用脉冲强光（intensive pulse light，IPL）对皮肤进行一种带有美容性质的治疗，其功能是消除或减淡皮肤的各种色素斑、增强皮肤弹性、消除细小皱纹、改善面部毛细血管扩张、改善面部毛孔粗大和皮肤粗糙，也能改善发黄的皮肤色彩等。

激光由于其一系列独特的优点，在现实中有非常广泛的应用，如激光切割、激光美容、激光冷却、激光传感器、激光雷达等诸多方面，涉及工业、医学、军事、通信等各个领域，相信在今后，激光会有更广阔的用武之地！

电闪雷鸣
——正负电荷的交战

◆雷电交加

夏天，是雷雨多发的季节，小时候的你，是不是被隆隆的雷声吓着过？是不是也曾经看着天空，凝视着那划过天空的各种各样的闪电迷惑过、思考过？那么，长大之后的你，有没有想要对雷电的形成来一次探究呢？是什么成就了电闪雷鸣？当它不再神秘的时候，是不是也就没有那么可怕了呢？让我们一起来见识见识它的真面目吧！

雷电是怎么产生的

◆雷电标志

雷电是伴有闪电和雷鸣的一种雄伟壮观而又有点令人生畏的放电现象。它一般产生于对流旺盛的积雨云中，积雨云带电，总体而言，云的顶层以正电荷为主，底层以负电荷为主。而且还在地面产生阳电荷，如影随形地跟着云移动。阳电荷和阴电荷彼此相吸，但空气却不是良导体。于是，阳电奔向山岭、树木、高大建筑物等的顶端甚至人体之上，企图借助这些物体和带有阴电的云层相遇；阴电荷枝状的触角则向下伸展，越向下伸越接近地面。最后阴阳电荷终于克服空气的阻碍而连接上了。这个时候，巨大的电流沿着一条传导气道从地面直向云涌去，产生出一道明亮夺目的闪光，这就是闪电。一道闪电的长度可能只有数千米，但最长可达数百千米。

知识窗

闪电有很多种：最常见的有：线状（或枝状）闪电和片状闪电，球状闪电是一种十分罕见的闪电形状。如果仔细区分，还可以划分出带状闪电、联珠状闪电和火箭状闪电等形状。

雷声是怎么产生的呢？闪电产生的同时，它极高的温度使得沿途空气剧烈膨胀，空气移动迅速，因此形成气浪并发出巨大的声响。如果闪电距离近，听到的就是尖锐的爆裂声，如果距离远，听到的则是隆隆声。

雷电的利弊

雷害是联合国公布的10种最严重的自然灾害之一，全球每年因雷害造成的损失达上百亿美元。

雷电也是人类的朋友。雷电是一种较洁净的能源。它一次放电能量达1亿～10亿焦耳，是巨大的天然能源，如果能将雷电的电能控制、储存、利用，那么必将是人类很大的收获。雷电还可以利用它的冲击力，夯实松软的地基，为建筑行业节省能源。利用雷电产生的高温，可使岩石内水分膨胀，达到爆破采石的目的。

◆雷电

知识广播

臭氧也是氧，只不过比普通的氧多了一个氧原子。一个氧气分子中，含有两个氧原子，而臭氧却含有三个氧原子。稀薄的臭氧一点也不臭，它具有氧化能力，能够漂白与杀菌。

雷雨后空气清新

◆雨后牡丹

每当雷雨过后，你打开窗户，肯定会觉得有一股清新的空气迎面而来，出去走走，肯定会觉得心旷神怡，呼吸特别顺畅，空气为什么在雷雨后会变得格外新鲜呢？这是因为，雷雨的时候会产生臭氧。闪电时的电压很高很高，可以达到几十亿伏特，所以它产生的巨大电火花，使空气中的一部分氧气变成了臭氧。它能净化空气，杀死细菌，因此雷雨后的空气就特别新鲜。明白了这些，雷雨后，是不是应该多到户外去散散步，呼吸新鲜空气呢？这必将对身体大有好处。

躲避雷电的办法

（1）注意关闭门窗，室内人员应远离门窗、水管、煤气管等金属物体。

（2）关闭家用电器，拔掉电源插头，防止雷电从电源线入侵。

（3）在室外时，要及时躲避，不要在空旷的野外停留。在空旷的野外无处躲避时，应尽量寻找低洼之处（如土坑）藏身，或者立即下蹲，降低身体高度。

（4）远离孤立的大树、高塔、电线杆、广告牌。

◆被雷击中的大树

◆钓鱼

(5) 立即停止室外游泳、划船、钓鱼等水上活动。

(6) 如多人共处室外，相互之间不要挤靠，以防雷击中后电流互相传导。

轶闻趣事——第一个研究雷电的人

◆富兰克林

富兰克林不仅是一位杰出的美国政治家，也是一位科学家。他出身于美国波士顿的一个蜡烛制造工的家庭，由于孩子多，父亲收入不高，生活相当贫寒，只念了两年书，就去当学徒，工作时间很长，但仍利用业余时间，刻苦自学。他自小热爱自然科学，然而在四十岁前，终日为生活奔波，没有时间进行科学研究，他在科学上的成就大多在四十岁以后取得的。多年来，不管工作如何繁忙，总是勤奋自学，他自学了意大利文、西班牙文等多种外语，广泛接受了多方面的知识，终于成为电学研究的先驱。

富兰克林的一个重大实验就是证明了雷电与摩擦电本质是一致的，从而彻底破除了人们对雷电的迷信。长期来由于雷电的破坏性很大，人们都有一种恐惧的

◆著名的富兰克林风筝取电实验

◆风筝

心里，宗教为愚弄人民，说“雷电”是“上帝之火”，是天神发怒的结果。富兰克林却不相信这种说法，一直在思考着雷电的电与摩擦电本质上是否一样，有什么区别。有一天为加大容量，将几只莱顿瓶联起来做实验，当实验正在进行时，他的夫人丽达进来观看，一不小心碰倒了莱顿瓶，突然闪过一团电火，随着一声轰响，丽达被电击倒在地，不省人事，经抢救脱险，在家整整躺了一个星期。这起事故给富兰克林留下了特别深刻的印象，尤其是那伴随着轰鸣声的电火，使他联想起暴风雨中的雷电不也是电光闪闪，雷声隆隆吗？因此他觉得很有必要将雷电捉下来研究。于是在1752年7月一个雷雨天作了著名的费城实验，企图把天电捉下来看看。富兰克林用绸子作了一个大风筝，风筝顶上安上一根尖细的铁丝，用来捉电，并用麻绳与这铁丝联起来，麻绳的末端拴了一把铜钥匙，钥匙塞在莱顿瓶中间。他和他的儿子一起将风筝放到天空中，这时一阵雷电打下来，富兰克林顿时感到一阵电麻，于是他赶紧用丝绸手帕把手里的麻绳包起来，继续捉天电。当他用另一只手去靠近系在麻绳上的铜钥匙时，蓝白色的火花向他手上击来，这时麻绳上松散的麻丝头向四周竖立起来，天电终于捉下来了。富兰克林用这种方法使莱顿瓶充电，发现这种天电同样可以点燃酒精灯，也可以做用摩擦过的玻璃棒所做的其他许多电的实验，从而证明天电与地电的一致性。

微观粒子世界的轮盘赌

——量子理论

它拨开经典物理学的乌云，来到这个世界；

它是微观世界的法律；

它是一个复杂而又难解的谜题；

它出生在一个大师对决的时代；

它开辟了一个物理学的新时代；

它带来了一连串的精彩；

它那么神秘又充满力量；

它改变了世界……

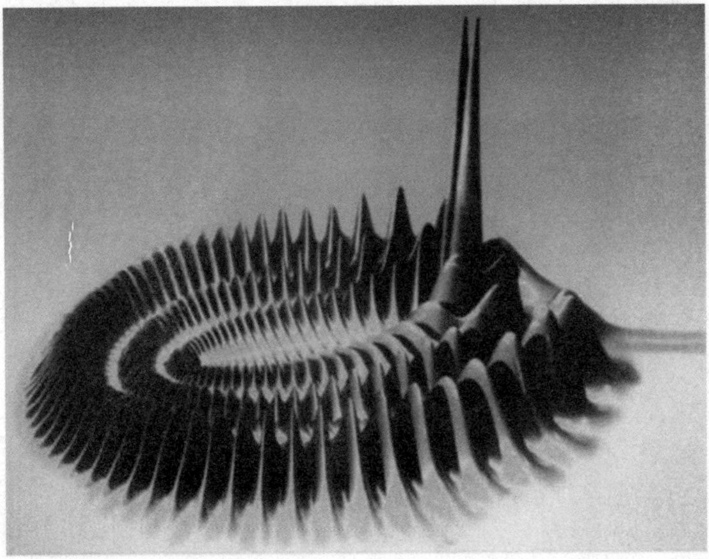

神奇的视觉盛宴
——微观世界

◆微观世界

物质是由大量肉眼看不到的粒子——分子、原子或离子等构成的。而分子则是由更小的粒子（原子）构成的。至于原子，又是由原子核和电子构成的。分子、原子、原子核、电子都非常小。通常将人们感官所不能直接感觉到的微小的物体和现象分别叫作“微观物体”和“微观现象”，而将这些物体和现象的总体叫作“微观世界”。显然，我们所研究的“微观粒子”也必将属于“微观世界”。微观世界是不是也很精彩呢？让我们且看且体会……

精彩的微观世界

◆影片《微观世界》

人的肉眼可以分辨直径大于 0.1mm 以上的物体，小于该尺度的事物都属于微观世界。

有一部影片就叫《微观世界》，影片将森林下、草丛下的世界无数倍放大到你的面前，昆虫、草叶、水滴无不纤毫毕现，成为壮丽的奇观。影片获得了第二十二届恺撒电影节最佳摄影和最佳剪辑奖。看了这部电影，你会惊讶于在我们的脚下，竟有这样一个世界存在。这是黎明时分，在地球的某一处隐藏着星球般巨大的世界：茂草变成了森林，小石头变得像高山，小水滴形同汪洋大海，时间以不同的方式流逝。一小时就像过了一天，一天就像过了一季，一季就像过了一生……

你知道吗？

第一个打开微观世界窗户的物理学家是谁？这个人是伦琴。伦琴是以发现X射线而闻名的物理学家。伦琴发现X射线时，已经是50岁的人了。

从蜜蜂采花、蚂蚁搬家、甲虫大战、蝴蝶钻出蛹壳、蜘蛛吐丝缠裹猎物、蜗牛互相拥抱、孑孓变蚊虫飞出水面等场面，都十分细致生动地被捕捉下来。通过这些精彩的画面，展示出大自然造物主的无穷奥妙。这部影片不但具有迷人的观赏价值，也具有教学科研价值。

微观世界的视觉盛宴

这是尼康摄影竞赛的一组照片，向我们展示了一个美轮美奂的微观世界……

雄株芥末类植物的生殖器官图片在此次微观世界显微镜照相术比赛获得了头名位置。科学家通过显微镜，将其放大了20倍，人们才得以看到它的真面目。

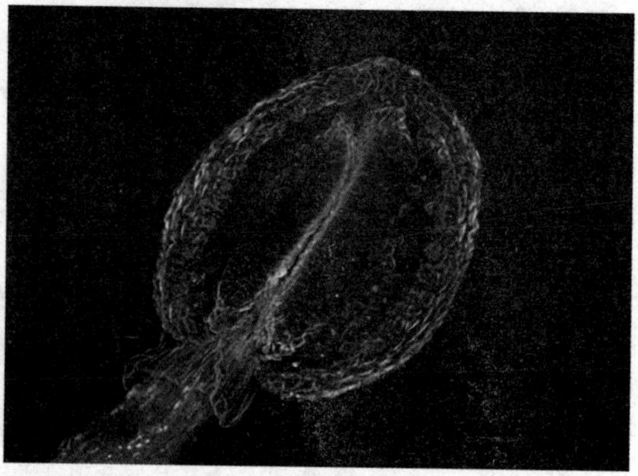

◆雄株芥末类植物的生殖器官

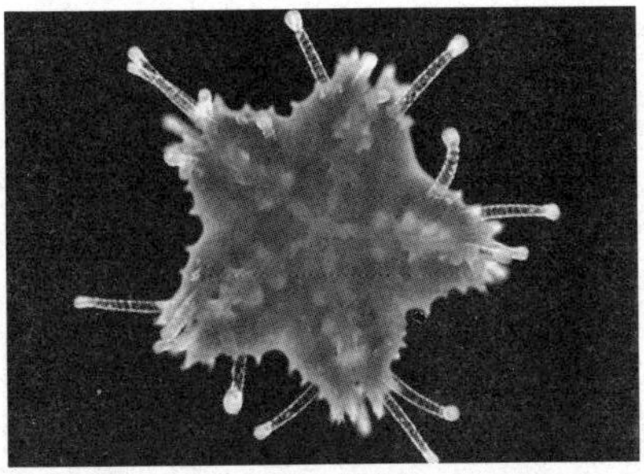

◆海星幼体

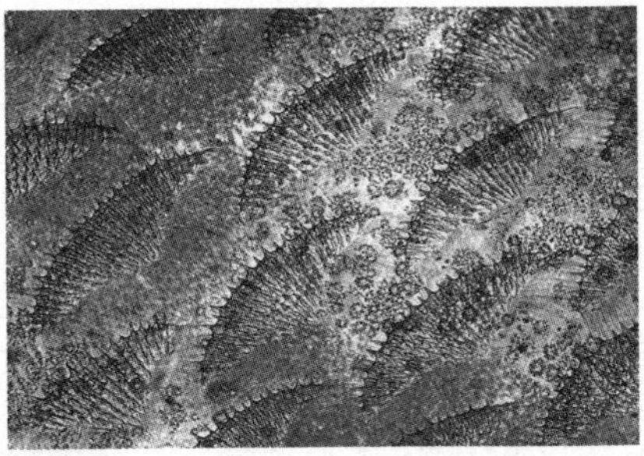

◆鱼鳞片

是不是一场视觉盛宴呢？这些我们平时用肉眼很难观测到的世界，竟也是这么栩栩如生、千变万化……接下来这个，又是什么呢？

这是一粒蒲公英花粉，这粒花粉的直径只有0.05毫米，花粉上的长刺可以帮助花粉容易粘到昆虫身体之上。是不是它的外形很像神奇的富勒烯呢？

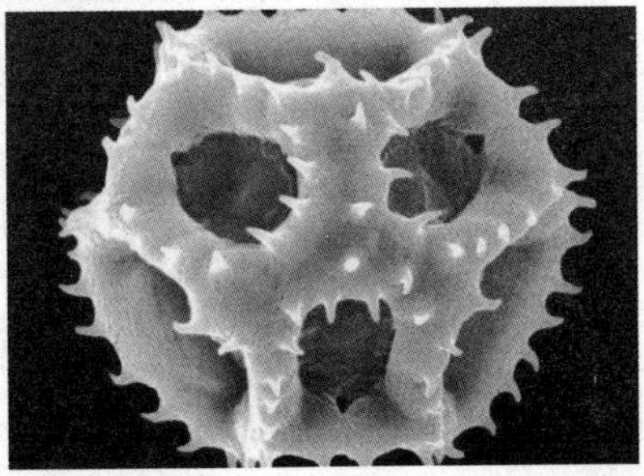

◆蒲公英花粉

◆藤本植物的毛状体

微距摄影

微距摄影是用一个全新的视角去观察世界，是摄影的一个重要且迷人的分支。微距摄影以肉眼通常难以达到的视角观察世界，描摹出微观世界的奇妙景象，深受摄影爱好者喜爱。有一本书《微距摄影》，介绍了微距摄影的方方面面，包括如何进入微距世界、从事微距摄影需要哪些器材和照明、如何寻找微距机会，以及拍摄花卉、纹理、昆虫、抽象照片和人物方面的技巧，最后还介绍了如何使用数字暗室来解决微距照片中的各种问题。这本书由资深摄影师撰写，书中不仅融入了作者的大量经验，还包括了大量的示例照片，让您充分领略如何利用微距摄影去揭示这个美丽的世界，同时还可以激发您的创作灵感。

小讲解

微观世界与中观世界

在自然科学中，微观世界通常是指分子、原子等粒子层面的物质世界，而除微观世界以外的物质世界被称为宏观世界。有时候，我们又将宏观世界特指星系、宇宙等物质世界，而将人类日常生活所接触到的世界称为中观世界。

拓展思考

1. 注意观察你身边的事物，哪些与激光有关？你能列举出几种？
2. 激光与普通的光有什么区别？
3. 激光的本质是什么？
4. 你能说说麦克斯韦对物理学的贡献是什么吗？

微观世界的“法律”
——量子论的发展历程

爱因斯坦——罗森桥是一个把两个遥远区域连接起来的虫洞。

在空间飞船穿过虫洞之前它缩小断裂，形成两个分离的奇点。

◆量子论

量子理论是一个复杂而又难解的谜题。她是那么的神秘，像一个少女的心事，让人无法琢磨透。今天，我们的现代文明，从电脑、电视、手机到核能、航天、生物技术、几乎没有哪个领域不依赖于量子论。但量子论究竟带给了我们什么？这个问题至今却依然难以回答。在自然哲学观上，量子论带给了我们前所未有的冲击和震动，甚至改变了整个物理世界的基本思想。它的观念是如此的革新，乃至最不保守的科学家都在潜意识里对它怀有深深的怀疑和惧意。它被赋予的力量太过强大，以致量子论的奠基人之一玻尔（Niels Bohr）都要说：“如果谁不为量子论而感到困惑，那他就是没有理解量子论。”量子论的发展史是物理学上最激动人心的篇章之一，掐指算来，量子论从创立至今已经有 100 多年了，然而它并没有为普通大众所熟知。那么，就让我们携手再次回到那个伟大的年代，温故一下那场史诗般壮丽的革命历程吧！

初识量子论

量子论的发展是以普朗克的量子假说、爱因斯坦的光量子假说和玻尔理论为标志的。

1900 年普朗克为了克服经典理论解释黑体辐射规律的困难，引入了能量子概念，为量子理论奠下了基石。

◆普朗克（左）和爱因斯坦

随后，爱因斯坦针对光电效应实验与经典理论的矛盾，提出了光量子假说，并在固体比热问题上成功地运用了能量子概念，为量子理论的发展打开了局面。

1913 年，玻尔在卢瑟福有核模型的基础上运用量子化概念，提出玻尔的原子理论，对氢光谱作出了满意的解释，使量子论取得了初步胜利。随后，玻尔、索末菲和其他物理学家为发展量子理论花了很大力气，却遇到了严重困难。旧量子论陷入困境。

旧量子论包括普朗克的量子假说、爱因斯坦的光量子理论和玻尔的原子理论。

名人介绍——N·玻尔传奇一生

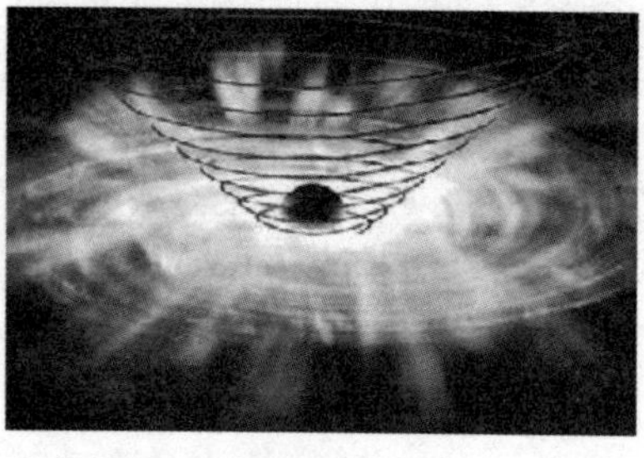

◆充满不确定的量子论

◆欧洲核子研究中心位于瑞士梅林的部分

N·玻尔（1885～1962 年）是哥本哈根学派的创始人。1903 年入哥本哈根大学攻读物理学，1909 年获得硕士学位，两年后以金属电子论的论文获得博士学位。不久，随 E·卢瑟福研究。当时卢瑟福的有核原子模型刚建立，根据经典电磁学，这种模型的原子其外围的电子因有向心加速度，会不断发出电磁波，最后失去全部能量，与带正电的核合在一起，即原子将都是不稳定的。1913年N·玻尔把A·爱因斯坦和M·普朗克的量子论与核式原子的概念结合起来，不但说明氢原子的稳定性，而且理论计算与实验所得的氢原子光谱线的波长完全一致。1921年创立哥本哈根大学理论物理学研究所并任所长，培养了大批的杰出物理学家。他因对原子结构的研究获得1922年诺贝尔物理学奖。他领导1955年日内瓦的原子能和平利用第一次国际会议，还倡议并领导了欧洲核子研究中心和北欧原子物理学研究所，1957年获得首届美国和平利用原子能奖。

◆瑞士日内瓦

量子论的建立

德布罗意波示意图

1923年，德布罗意提出了物质波假说，将波粒二象性运用于电子之类的粒子束，把量子论发展到一个新的高度。

1925～1926年薛定谔率先沿着物质波概念成功地确立了电子的波动方程，为量子理论找到了一个基本公式，并由此创建了波动力学。

几乎与薛定谔同时，海森堡写出了以“关于运动学和力学关系的量子论的重新解释”为题的论文，创立了解决量子波动理论的矩阵方法。

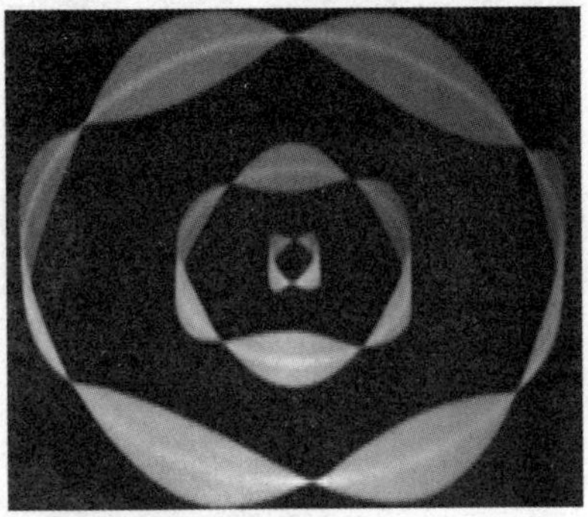
◆德布罗意波示意图

1925年9月，玻恩与另一位物理学家约丹合作，将海森堡的思想发展成为系统的矩阵力学理论。不久，狄拉克改进了矩阵力学的数学形式，使其成为一个概念完整、逻辑自洽的理论体系。

你知道吗？

德布罗意关于物质波的假说在微观粒子的衍射实验中得到了验证。其中最有代表性的是电子散射实验、透射实验和双缝干涉实验。

1926年薛定谔发现波动力学和矩阵力学从数学上是完全等价的，由此统称为量子力学，而薛定谔的波动方程由于比海森堡的矩阵更易理解，成为量子力学的基本方程。

量子论的意义与现实成就

◆半导体制程

量子论揭示了微观物质世界的基本规律，为原子物理学、固体物理学、核物理学和粒子物理学奠定了理论基础。它能很好地解释原子结构、原子光谱的规律性、化学元素的性质、光的吸收与辐射等。量子论是现代物理学的两大基石之一。石破天开，量子论给我们提供了全新的关于自然界的表述方法和思考方法。量子论的诞生通常被视为近代物理学的起点。

◆晶体管

尽管人们对量子理论的含义还处在似懂非懂的接受阶段，但它在实践中获得的成就却已经是世人皆知了。比如，1948年，美国科学家约翰·巴丁、威廉·肖克利和瓦尔特·布拉顿根据量子理论发明了晶体管。它用很小的电流和功率就能有效地工作，而且可以将尺寸做得很小，从而迅速取代了笨重、昂贵的真空管，开创了全新的信息时代，这三位科学家也因此获得了 1956 年的诺贝尔物理学奖。

量子论在工业领域也有着十分美好的应用前景。目前，半导体的微型化已接近极限，再小下去，微电子技术的理论会显得无能为力，必须依靠量子结构理论。

> 科学家们预言，利用量子力学理论，到2010年左右，人们能够使蚀刻在半导体上的线条的宽度小到0.1微米以下。

总之，量子论已经带来了物理界乃至整个世界的一场革命，这场革命能还给我们带来哪些更多的惊喜，让我们拭目以待吧！

拓展思考

1. 什么是半导体产业，你所知道的有哪些半导体企业？
2. 量子理论的核心思想是什么？
3. 量子理论和经典理论冲突吗？
4. 什么是相对论？

上帝会掷骰子吗？——测不准原理

◆骰子

海森堡在1927年的论文一开头就说：“如果谁想要阐明‘一个物体的位置’（例如一个电子的位置）这个短语的意义，那么他就要描述一个能够测量‘电子位置’的实验，否则这个短语就根本没有意义。”海森堡在谈到诸如位置与动量，或能量与时间这样一些正则共轭量的不确定关系时，说：“这种不确定性正是量子力学中出现统计关系的根本原因。”

一枚硬币抛向空中，落在地面上是正面向上，还是背面向上，我们不是什么先知，只能用几率来解决。我们说这枚硬币落在地面上，出现正面向上的几率是50%，反面向上的可能性也占了50%。量子的特性与这十分近似，上帝好像在玩骰子……

什么是测不准原理

当微观粒子处于某一状态时，它的力学量（如坐标、动量、角动量、能量等）一般不具有确定的数值，而具有一系列可能值，每个可能值以一定的几率出现。当粒子所处的状态确定时，力学量具有某一可能值的几率也就完全确定。这就是1927年，海森堡得出的测不准关系，同时玻尔提出了互补原理，对量子力学给出了进一步的阐释。

轻松一刻

玻尔的互补原理被人们看成是正统的哥本哈根解释，但爱因斯坦不同意不确定原理，认为自然界各种事物都应有其确定的因果关系，而量子力学是统计性的，因此是不完备的，而互补原理更是一种权宜之计。于是在爱因斯坦与玻尔之间进行了长达三四十年的争论，直到他们去世也没有得出定论。

薛定谔猫

薛定谔猫的提出

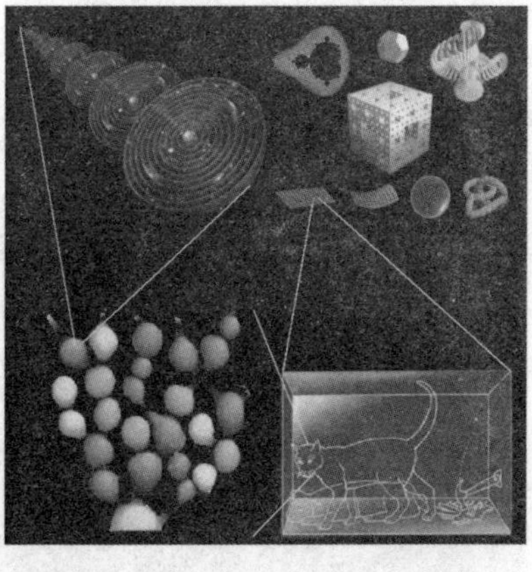
◆薛定谔猫

薛定谔在1935年发表了一篇论文，题为《量子力学的现状》，在论文中，薛定谔描述了那个常被视为恶梦的猫实验：哥本哈根派说，没有测量之前，一个粒子的状态模糊不清，处于各种可能性的混合叠加。比如一个放射性原子，它何时衰变是完全概率性的。只要没有观察，它便处于衰变与不衰变的叠加状态中，只有确实地测量了，它才会随机地选择一种状态而出现。那么让我们把这个原子放在一个不透明的箱子中让它保持这种叠加状态。现在薛定谔想象了一种结构巧妙的精密装置，每当原子衰变而放出一个中子，它就激发一连串连锁反应，最终结果是打破箱子里的一个毒气瓶，而同时在箱子里的还有一只可怜的猫。事情很明显：如果原子衰变了，那么毒气瓶就被打破，猫就被毒死。要是原子没有衰变，那么猫就好好地活着。

推论

当它们都被锁在箱子里时，因为我们没有观察，所以原子处在衰变和不衰变的叠加态。原子的状态不确定，因而猫的状态也不确定，只有当我们打开箱子察看，事情才最终定论：要么猫躺在箱子里死掉了，要么它活蹦乱跳地直叫。问题是，当我们没有打开箱子之前，这只猫处在什么状态？似乎唯一的可能就是，它和我们的原子一样处在叠加态，这只猫当时陷于一种死与活的混合态——半死不活的状态。

你知道吗？

对于斯蒂芬·霍金来说，作为牛顿在剑桥卢卡逊教席的继承人、爱因斯坦之后的物理学界盟主，如果物理学上还有什么事件让他烦恼的话，那是薛定谔的猫。“谁敢跟我提起薛定谔那只该死的猫，我就去拿枪！”

量子态

◆量子态隐形传输

在量子力学中，微观粒子的运动状态称为量子态。量子态是由一组量子数表征，这组量子数的数目等于粒子的自由度数。如果用0和1表示两种相对的量子态，那么因为测不准原理，某一时刻，量子态可能是0和1的叠加态。当我们观察时，量子以某种概率确定为一种状态而不再改变。这就是经典量子理论中提到的“量子塌陷”。

名人轶事——海森堡的一生

德国物理学家海森堡（Werner Karl Heisenberg）于1901年12月5日出生

于德国巴伐利亚州的维尔兹堡，其父是一位有名的研究希腊和拜占庭文献的教授。他从小就受到家庭在古文方面的熏陶。在少年时，他的才华就让人吃惊，特别是数学和物理方面的，但是他同时也对宗教、音乐和文学表现出强烈的兴趣。

◆维尔兹堡

进入慕尼黑大学时，海森堡当时觉得他的数学不错，于是先试图投奔一位著名的数论专家林德曼门下学习纯数学。结果，他被干脆利落地拒绝了。海森堡退而求其次，成为了索末菲的弟子，就这样踏出了通向物理学奇峰的第一步。

◆柏林大学

不管身在何处，海森堡这样才华横溢的人是不可能被埋没的，他在物理上很快就显示了更为惊人的天赋，并很快得到赏识。他第一学期就在解释反常塞曼效应时引入了半量子常数，第二学期结合听《液体力学》课程，写出了有关涡流的论文。

名人名言

提出正确的问题，往往等于解决了问题的大半。

——海森堡

1923 年海森堡考取慕尼黑大学的博士。海森堡于 1925 年 7 月创建矩阵力学，1927 年提出测不准关系。1927 年任莱比锡大学理论物理教授，1941 年任柏林大学物理学教授和威廉皇家物理研究所所长。他因创立量子力学而于 1932 年荣获诺贝尔物理学奖。1976 年 2 月 1 日在慕尼黑的家中逝世。

非此即彼——互补原理

◆阴阳互补

看到这个互补原理，是不是觉得有点儿像辩证法呢？动跟静对立与互补，男跟女对立与互补，这似乎是在讨论我们现实生活中相互矛盾着的两个方面，矛盾的两个方面在对立的同时还是互补的。那么，我们今天这里讲的互补到底是什么概念呢？其实，这是对波粒二象性的看法。光和粒子都有波粒二象性，而波动性与粒子性又不会在同一次测量中同时表现出来，那么，两者在描述微观粒子时就是互斥的；然而，另一方面，正因为两者不会同时出现就说明两者不会在实验中发生直接冲突，同时，两者在描述微观现象、解释实验时又是缺一不可的。因此两者是“互补的”，或者说是“并协的”。

什么是互补原理

◆尼尔斯·玻尔

“互补原理”，又称“并协原理”，是关于量子力学基本原理的一种阐释。指的是在不同实验条件下获得的有关原子系统的数据，未必能用单一的模型来解释，电子的波动模型就是对电子的粒子模型的补充。

这个原理是丹麦物理学家尼尔斯·玻尔在海森堡提出不确定关系同时提出的。玻尔在解释微观粒子的波粒二象性时，认为是由于测量的仪器对被测量的微观粒子产生了本质上无法控制的干扰才导致此种情况的发生。他主张把仪器分为测定位置和测定速度的两类，把两类仪器测定的结果“互补”起来，才能得到对粒子的完全认识。如果同时用这两类仪器去测量，是不可能的。玻尔认为中国的太极图很能象征他的并协理论，并把太极图放入了其家族的族徽中。

◆太极玄机

名人名言

玻尔的原话：

一些经典概念的应用不可避免地排除另一些经典概念的应用，而这另一些经典概念在另一条件下又是描述现象不可或缺的；必须而且只需将所有这些既互斥又互补的概念汇集在一起，才能而且定能形成对现象的详尽无遗的描述。

互补原理的意义

如果说海森堡的不确定关系从数学上表达了物质的波粒二象性。那么互补原理则从哲学高度概括了波粒二象性。互补原理与不确定关系是量子力学哥本哈根解释的两大支柱。鲁斯·摩尔在玻尔传记中称互补原理在科摩会议上提出“像西北风有时搅动往常很平静的科摩湖面一样搅动了会场”。戈革先生则表示：玻尔的互补原理及由此产生的互补哲学“在学术思想界引起了轩然大波，发生了难以估计的影响”，“其影响之深远甚至远远不是相对论的影响所能比拟的”。

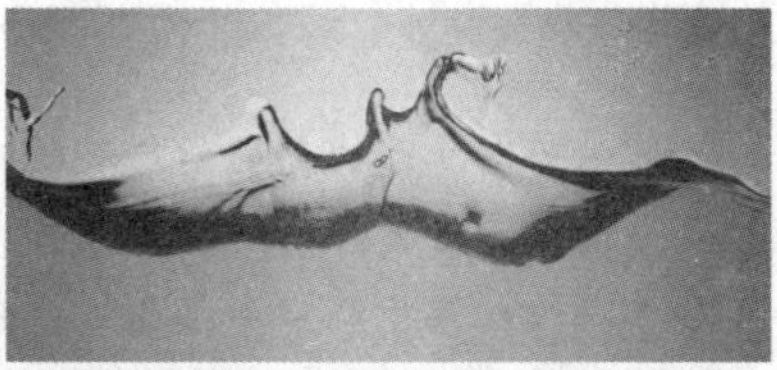

◆涟漪

以玻尔、玻恩、海森堡为代表的一批物理学家关于量子力学的诠释不断发展，形成了对20世纪物理学和哲学有重大影响的学派，人们称之为哥本哈根学派。

小知识

◆哥本哈根风光

◆哥本哈根学派

哥本哈根学派是在20世纪20年代初期形成的。1921年，在著名量子物理学家玻尔的倡议下成立了哥本哈根大学理论物理学研究所，由此建立了哥本哈根学派。该学派在其创始人尼尔斯·亨利克·大卫·玻尔的带领下对量子物理学有着深入广泛的研究。其中玻恩、海森堡、泡利以及狄拉克等都是这个学派的主要成员。哥本哈根学派对量子力学的创立和发展作出了杰出贡献，并且它对量子力学的解释被称为量子力学的“正统解释”。玻尔本人不仅对早期量子论的发展起过重大作用，而且他的认识论和方法论对量子力学的创建起了推动和指导作用，他提出的著名的“互补原理”是哥本哈根学派的重要支柱。玻尔领导的哥本哈根理论物理研究所成了量子理论研究中心，由此该学派成为当时世界上力量最雄厚的物理学派。

互补原理与辩证法

◆图像的辩证法

玻尔的“互补原理”被许多人视为辩证法的典范，波普尔也把“互补原理”视为辩证法，在反对互补原理的同时反对辩证法，特别是反对辩证法中的矛盾。其实，尽管“辩证法”与“互补原理”都涉及矛盾，但两者所涉及的矛盾的类型与处理矛盾的方式是完全不同的。

名人名言

人应当具有激情，但是也应当具有驾驭激情的本领。

——玻尔

知识广播

辩证法是关于对立统一、斗争和运动、普遍联系和变化发展的哲学学说，源出希腊语“dialego”，意为谈话、论战的技艺，指一种逻辑论证的形式。

小贴士

◆玻尔在北大

我不是我——波粒二象性

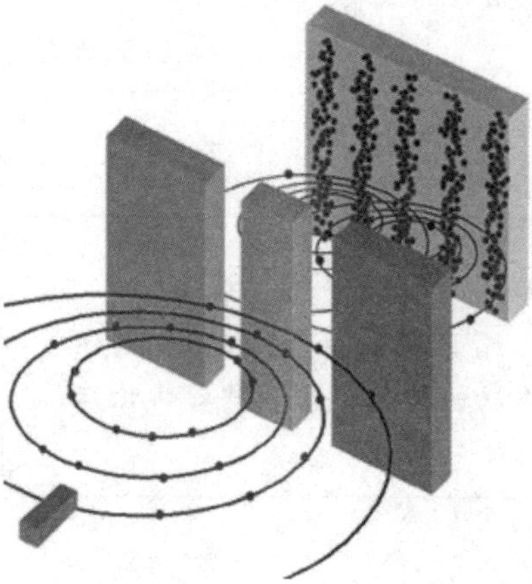

◆波粒二象性

在经典力学中，研究对象总是被明确区分为两类：波和粒子。前者的典型例子是光，后者则组成了我们常说的“物质”。1905 年，爱因斯坦提出了光电效应的光量子解释，人们开始意识到光波同时具有波和粒子的双重性质。那么，其他物质是不是也具有波和粒子的双重性质呢？什么情况下会表现出波的性质，什么情况下又会表现出粒子的性质呢？1924 年，德布罗意提出“物质波”假说，认为和光一样，一切物质都具有波粒二象性。根据这一假说，电子也会具有干涉和衍射等波动现象，这被后来的电子衍射试验所证实。

德布罗意物质波的提出

◆朗之万

1924 年 11 月，德布罗意在博士论文中阐述了物质波理论，并指出电子的运动具有波动性。德布罗意这个伟大天才的论文竟然只有一页多纸，通篇只有 2 个公式。但是就是在这 1 页多纸上诞生了一个伟大的理论。这一著名的理论为建立波动力学奠定了坚实的基础。正是由于这一划时代的研究成果，使他获得 1929 年的诺贝尔物理学奖，也使他成为历史上第一个以学位论文获得

◆德布罗意

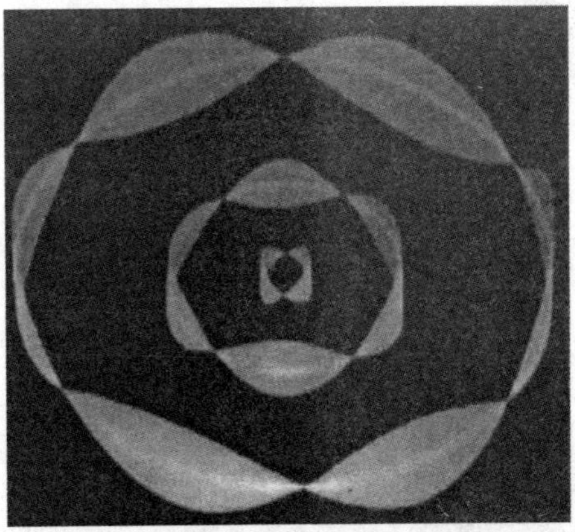

◆驻波和轨道量子化

诺贝尔奖的学者。

德布罗意的导师是朗之万，当他将德布罗意的博士论文寄给爱因斯坦的时候，爱因斯坦大加赞赏，并且称赞说："瞧瞧吧，看来疯狂，可真是站得住脚呢!"并认为他揭开了"自然界巨大面罩的一角"，也正是因为爱因斯坦的大加赞赏和推荐，人们才开始重视对物质波的理论研究和实验验证，并最终取得了一系列让人惊喜的成果。"千里马存在，但是要有伯乐才行"！德布罗意的物质波概念是逐步形成的，是吸收了其他学者物理思想中的精华，并受到他们工作的许多启发而独创性地建立起来的。任何科学的进步与发展都不可能靠一个人独立完成。在我们的学习中，也要善于学习和借鉴前人的成果。后来，德布罗意波假设的正确性被一系列的著名实验所证实。

名人名言

海森堡的名言

我们任何时候都不应忘记（科学史证明了这一点），我们认识的每一成就提出的问题，比解决的问题还要多；在认识的领域内，新发现的每一片土地都可使我们推测到，还存在着我们尚未知晓的无边无际的大陆。（注：从中我们可以学习到，任何时候都不能因为取得的一点成就而自满或沾沾自喜，要意识到，知道得越多，同时接触到的不知道的东西就越多，要有追根究底的探究精神，不断地向前进步！）

实验——验证德布罗意波的存在

1. 戴维森—革末实验

电子散射实验的典型代表是1927年戴维森—革末实验。戴维逊和革末的实验是用电子束垂直投射到镍单晶，电子束被散射。其强度分布可用德布罗意关系和衍射理论给以解释，从而验证了物质波的存在。

◆戴维森、革末

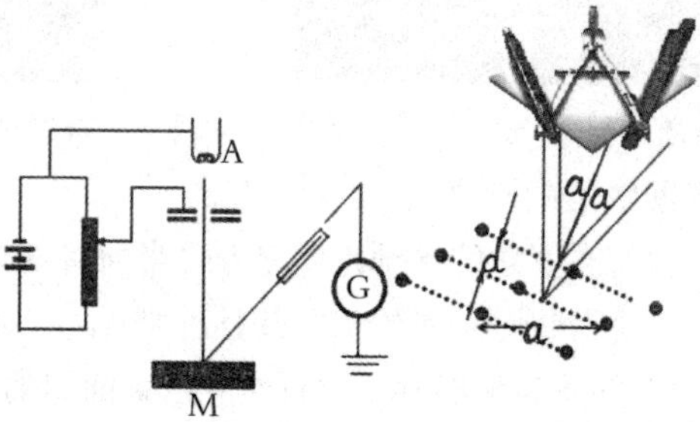

◆戴维森—革末实验

2. 电子及中子的圆环形衍射图样

1927年，G·P·汤姆逊将电子束和中子束射向多晶箔片，在屏上得到了圆环形的衍射图样；电子及中子的这种衍射图样与x射线衍射结果非常相似。

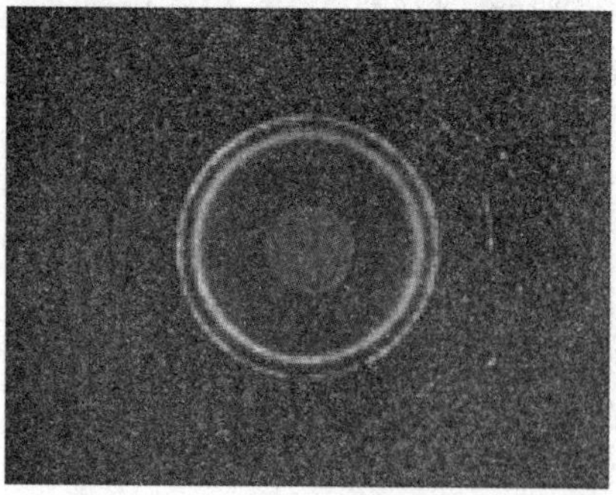

◆衍射图样

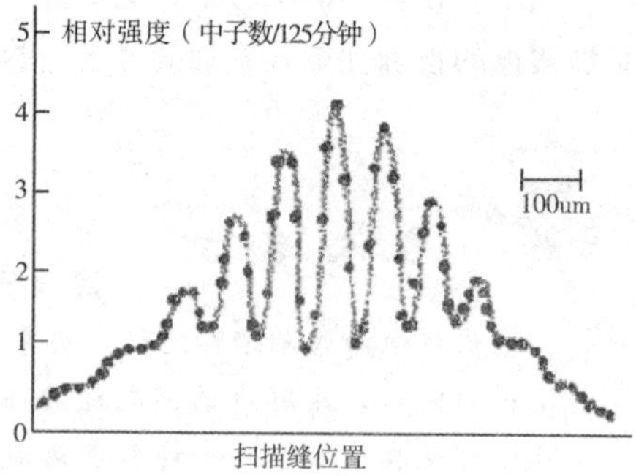

◆电子干涉射图样

3. 电子、中子双缝实验

1961年约翰逊运用铜箔片形成的细微双缝进行电子干涉实验，1988年蔡林格等做了中子的双缝实验，得到了右侧的图。这个结果与光波的双缝干涉实验结果极为相似，再次证明了德布罗意所假设的实物粒子的波动性确实存在！戴维逊和汤姆逊因验证电子的波动性分享1937年的物理学诺贝尔奖。

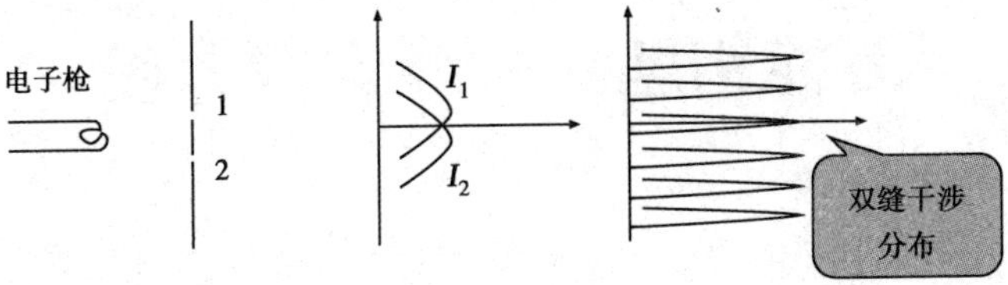

◆双缝干涉实验

1949年，苏联物理学家费格尔曼做了一个非常精确的弱电子流衍射实验。电子几乎是一个一个通过双缝（相当于一个电子拿回来、多次飞行），底片上出现一个一个的点子（显示出电子具有粒子性）。

波动性与粒子性的统一

概率波是统一粒子性、波动性之间的桥梁。粒子性并不是指经典的粒子，因为微观粒子没有确定的轨道，在屏幕上以概率出现；波动性也不是经典的波，因为它没有某种实际的物理量（如质点的位移、电场、磁场等）的波动。所谓的波动性是指它在空间传播有“可叠加性”，有“干涉”“衍射”等现象。微观粒子在某些条件下表现出粒子性，在另一些条件下表现出波动性，但是两种性质不能同时表现出来。

◆少妇和少女两种形象寓于同一幅画中，但两种形象不会同时出现在视觉中

德布罗意的论文答辩会上，有人提出：“这种波怎样用实验来验证呢？”答：“用电子在晶体上的衍射实验可以验证。”

万能钥匙——薛定谔方程

◆苏黎世大学

当量子力学的矩阵形式粉墨登场时，8个月后，另一股关于量子力学的潜流以一种更优美的形式展现在了人们面前。提出这种优美形式的却是苏黎世大学一位不为哥廷根、哥本哈根和慕尼黑的量子界人士所知的默默无闻的物理学家——薛定谔。薛定谔方程是量子力学的基本方程，它揭示了微观物理世界物质运动的基本规律，就像牛顿定律在经典力学中所起的作用一样，它是原子物理学中处理一切非相对论问题的有力工具，在原子、分子、固体物理、核物理、化学等领域中被广泛应用。

什么是薛定谔方程

薛定谔方程是量子力学的基本方程，是将物质波的概念和波动方程相结合建立的二阶偏微分方程，可描述微观粒子的运动，每个微观系统都有一个相应的薛定谔方程式，通过解方程可得到波函数的具体形式以及对应的能量，从而了解微观系统的性质。

下面是描述一个粒子在三维势场中的一个定态薛定谔方程。所谓势场，就是粒子在其中会有势能的场，比如电场就是一个带电粒子的势场，所谓定态，就是假设波函数不随时间变化。其中，E 是粒子本身的能量，$U(x, y, z)$ 是描述势场的函数，假设不随时间变化。具体形式是：$\nabla^2\psi(x, y, z) + (8\pi^2 m/h^2)\ [E-U(x, y, z)]\ \psi(x, y, z) = 0$

◆薛定谔

从被讽刺到普遍接受

◆狄拉克

薛定谔第一次在 seminar 上讲解德布罗意的论文的时候，并不真正明白德布罗意到底写了些什么。当时，德拜对这篇论文作了一个客气的评价："这个年轻人的观点还是有些新颖的东西的，虽然显得很孩子气，当然也许他需要更深入一步，比如既然提到波的概念，那么总该有一个波动方程吧。"随后，德拜很随意地把这个寻找波动方程的任务交给了薛定谔。薛定谔认为，电子作为传播波的始原，其波动方程应该像光的传播方程决定的光的传播一样，这个方程也决定着波的传播，人们可以通过解波动方程来确定原子内部电子的运动。然后，薛定谔在多次仔细研读德布罗意的"博士论文"后，凭借其扎实的数学基础和长期研究波动问题的丰富经验，发现了物质波的波动方程，并第二次在 seminar 上讲解了德布罗意的论文。但是，当时这一方程并没有得到物理学界大师们的认同，甚至还有人顺口编了一首打油诗讽刺薛定谔的方程：欧文用他的 ψ，计算起来真灵通，但 ψ 真正代表什么，没人能够说得清。（欧文就是薛定谔，ψ 是薛定谔波动方程中的一个变量）。直到薛定谔从他的方程中得出了玻尔的氢原子理论，这一理论才受到物理学家们的重视和普遍赞赏。

更基本的量子力学方程，也就是薛定谔试图获得但终究无力企及的基本理论，则是由根本哈哥学派的另一位少壮派弟子——狄拉克导出的，而狄拉克则最终领袖群伦，建起了量子力学的神殿。

什么是 seminar?

Seminar，中译为习明纳，专题讨论，学术讨论课，研究班等，是德国大学创立的一种教学方式，在哲学、语言学、医学、神学、法学、经济学等人文学科、自然学科和社会学科中广泛应用，成为德国高等教育领域里的一株奇葩，绽放着夺目的光彩。

类比法

◆牛顿万有引力定律

很明显，薛定谔在波动方程的建立过程中用了明显的类比方法。类比方法是一种非常有用的科学研究方法。

类比法，就是人们根据两个对象之间在某些方面的相同或相似，推论出它们在其他方面也可能相同或相似的一种认识事物的思维方法。

在研究物理问题时，我们经常会发现某些新问题有一种似曾相识的感觉。这个时候类比法就派上了用场，通过研究这种相似性，利用已知的物理规律去寻找未知的物理规律，从而发现新的结论、新的规律，创造出新的理论。许多物理上的重大科学发现，其中包括许多物理定律、公式和推论，都是运用类比法的硕果。如库仑定律也是通过类比得出来的。库仑曾是牛顿的崇拜者，我们知道牛顿万有引力的形式是：$F=G\dfrac{Mm}{r^2}$，库仑想象两个电荷之间的作用力应该是 $F=K\dfrac{Qq}{r^2}$。

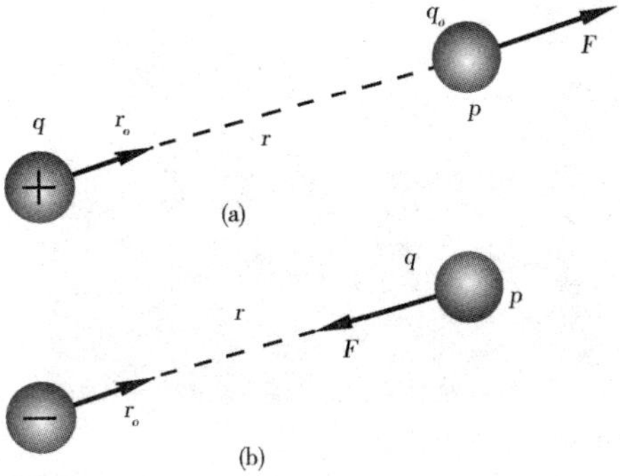

◆库仑定律一电荷作用力

当他第一次得出这个公式时，一点实验根据都没有，后来通过实验发现这个公式真的就是电荷作用力应该满足的式子。

科学的研究方法有哪些?

类比法、归纳法、演绎法、转换法等都是有效的科学研究方法，我们应该向物理学大师学习科学的研究方法，培养科学研究兴趣。

名人介绍——薛定谔的一生

薛定谔，1887 年 8 月 12 日出生于奥地利首都维也纳。1906 年至 1910 年，他就读于维也纳大学物理系。1910 年获得博士学位。毕业后，在维也纳大学第二物理研究所从事实验物理的工作。第一次世界大战期间，他应征服役于一个偏僻的炮兵要塞，利用闲暇时间研究理论物理。战后他仍回到第二物理研究所。1920 年他到耶拿大学协助维恩工作。1921 年薛定谔受聘到瑞士的苏黎世大学任数学物理

◆柏林大学

◆奥地利风光

教授，在那里工作了6年，薛定谔方程就是在这一期间提出的。

1927年薛定谔接替普朗克到柏林大学担任理论物理教授。1933年希特勒上台后，薛定谔对于纳粹政权迫害爱因斯坦等杰出科学家的法西斯行为深为愤慨，移居牛津，在马达伦学院任访问教授。同年他与狄拉克共同获得诺贝尔物理学奖。

1936年他回到奥地利任格拉茨大学理论物理教授。不到两年，奥地利被纳粹并吞后，他又陷入了逆境。1939年10月流亡到爱尔兰首府都柏林，就任都柏林高级研究所所长，从事理论物理研究。在此期间还进行了科学哲学、生物物理研究，颇有建树。出版了《生命是什么》一书，试图用量子物理阐明遗传结构的稳定性。1956年薛定谔回到了奥地利，被聘为维也纳大学理论物理教授，奥地利政府给予他极大的荣誉，设定了以薛定谔命名的国家奖金，由奥地利科学院授给。1961年薛定谔病逝。

万花筒

薛定谔在《生命是什么》的序言中写道：

“知识的各种分支在广度和深度上的扩展使我们陷入了一种奇异的两难境地。我们清楚地感到，一方面我们现在还只是刚刚在开始获得某些可靠的资料，试图把所有已知的知识综合成为一个统一的整体；可是，另一方面，一个人想要驾驭比一个狭小的专门领域再多一点的知识，也已经是几乎不可能的了。除非我们中间有些人敢于着手总结那些事实和理论，即使其中有的是属于第二手的和不完备的知识，而且还敢于冒把自己看成蠢人的风险，除此之外，我看不到再有摆脱这种两难境地的危险的其他办法了。否则，我们的真正目的永远不可能达到。”

拓展思考

1. 除了类比，你还知道哪些科学研究方法？物理学史上有哪些著名的理论是用这些科学研究方法提出的？

2. 你如何看待那些看似偶然的发现，这些偶然的发现是否需要具备足够的理论知识功底？

3. 应该如何培养自己对科学研究的兴趣？

王牌对王牌
——爱因斯坦与玻尔的两次论战

◆爱因斯坦与玻尔

每一种新理论的诞生，肯定都伴随着物理学家们的争论与探索，探讨与创新，爱因斯坦与玻尔的争论，是物理学史上持续时间最长、争论最激烈和最富有哲学意义的争论之一。他们间的争论从1920年4月就开始了，后来，玻尔身边集结了一批极有才华而又具有极强批判能力的年轻人，他们在玻尔的领导下，使量子力学取得了长足的进展，再后来，有两次重要的会议，集中体现了爱因斯坦和玻尔这两位巨人之争……

科莫会议

◆科莫湖风光

微观粒子一系列奇异性质的提出，引起了物理界的激烈的争论。就在这种背景下，1927年9月，在意大利迷人的科莫湖畔召开了纪念伏打逝世一百周年大会，玻尔参加了这次国际物理学会议，并且在会议上提出了著名的“互补原理”。依照这一原理，玻尔指出：“通常意义下的因果性问题不复存在了。”玻尔的讲演，使大多数与会者震惊、困扰甚至愤怒。可惜，这次会议爱因斯坦并没参加，否则，大家都想听听这位最杰出的人对此有什么看法。他会同意玻尔的观点吗？

科莫最著名的人物是在科学家亚里山德罗·伏打，由于他在电学方面的伟大成就，人们用他的名字来作为电压的单位：伏特（volt）。

第五届索尔维物理学会议

1927 年 10 月，在比利时首府布鲁塞尔举行第五届索尔维物理学会议。这次会议的主题是“电子和光子”，这是当时涉及物理学各个领域的一个非常重要的问题。会议中讨论的中心问题就是在新出现的量子力学解释中，是不是一定得摒弃确定性原理，有没有可能存在一种比互补原理显得不那么离经叛道的折中方法。

◆1927 年第 5 届索尔维会议参加者的合影

◆爱因斯坦和玻尔论战

这次会议爱因斯坦和玻尔都参加了。玻尔讲完了他的互补原理以后，爱因斯坦起来发言了。他开门见山，毫不含糊地说他不喜欢测不准原理，互补原理也不是一种可以接受的好理论。他说：“这个理论的缺点在于：它一方面无法与波动概念发生更密切的联系，另一方面又把基本物理过程的时间和空间拿来碰运气。”大师的观点一亮出来，会场立即像炸了锅似的，与会的物理学家都

◆布鲁塞尔风光

激动得用自己国家的语言叫嚷着，争着要发言。会议主席洛伦兹一向以善于周旋于各派物理学家之间而闻名，但这种情况下怎么拍桌子也不管用了。同是爱因斯坦和玻尔好友的荷兰物理学家埃伦菲斯特着急了，只得跑到讲台上在黑板上写了一句话："上帝真的使人们的语言混杂起来了！"正在叫嚷的物理学家见了这句话，哄堂大笑，第一次会议总算到此结束。

通过这次会议激烈的争论，许多物理学家接受了以玻尔为首的哥本哈根学派的观点，但爱因斯坦并没有信服。

第六届索尔维物理学会议

◆巨人论战

◆爱因斯坦和玻尔邮票

1930年，在布鲁塞尔又举行了第六届索尔维物理学会议。爱因斯坦和玻尔的争论继续进行着……

会议一开始，爱因斯坦设计了一个非常巧妙的思想实验，力图彻底摧毁测不准这一"偏见"。爱因斯坦深知，作为哥本哈根学派解释的核心或关键的测不准原理如果能证明在单个事件中不成立，那么量子理论的不完备性就可以被肯定。爱因斯坦提出了一个名叫"光匣"的思想实验。

爱因斯坦的“光匣”是一个假想的里面装满了辐射物质的匣子，其一侧有一个小洞，洞口有一块挡板，一个机械钟可以控制挡板的开关。当某一时刻洞门打开，放出一个光子。爱因斯坦论证说，光子跑出匣子的时间可以精确测出来，而光子的能量可以简单地通过匣子重量变化以及公式 $E=mc^2$ 而精确地确定，这样，测不准原理就显然被违反了，而准确性和因果性又得到了恢复，世界又正常了。

知识窗

什么是“思想实验”？

思想实验又称假想实验或理想实验，它不同于具体的实验，它不是一种实践活动，而只是一种思想中塑造的理想过程，是逻辑推理的一种方法和形式。在物理学发展的重要关头，思想实验不止一次担当了重要的角色，它被证明是一种重要的科学研究方法。

◆晚年的爱因斯坦

第二天的会议上，喜气洋洋的玻尔倒过来使爱因斯坦十分震惊了。玻尔利用爱因斯坦十五年前在相对论中的一个重要发现找到了爱因斯坦思想实验中的错误。爱因斯坦在那个发现中曾指出，一只钟如果沿重力方向发生位移，它的快慢会发生变化，这样，当光子跑出匣子前后，由于匣子重量发生了变化，从而造成了钟表快慢的变化，这样，要在测量光子能量的同时准确测量粒子跑出的时间是根本不可能的。这一反驳，实在是太妙了，结果使得爱因斯坦用来否定测不准原理的“光匣”，倒变成了论证测不准原理的理想实验！爱因斯坦不得不承认，玻尔的论证是完全正确的，但他还是不承认玻尔的理论是最后的答案。

名人介绍——晚年的爱因斯坦

一位传记作家克拉克曾这样描述爱因斯坦的晚年："在日益增长的不满情绪中，爱因斯坦引退了。他置身于物理学发展主流之外，造成了他晚年的悲剧气氛，甚至他最忠诚的朋友也无法驱散它。"玻尔对于无法改变爱因斯坦的这种不满，终生引为遗憾。但玻尔曾一再表示，他正是从爱因斯坦的反对意见中，获取了完美表达量子理论的思想。他曾经说："爱因斯坦的关怀和批评，很有价值地激励我们所有人来再度检验和原子现象的描述有关的形式的各个方面。"

拓展思考

1. 爱因斯坦与玻尔争论了很多年，争论在物理学的发展过程中是必不可少的，你还知道在物理学的发展中其他科学家之间的争论吗？

2. 查一下关于伏特的知识。

3. 第五届索尔维会议参加者都是物理界的大师，你能谈出他们当中哪些人的事迹与成就？

细微处显神奇

——微观粒子的应用

理论，最终要归为应用。“实践是检验真理的唯一标准”，只有归于实践，才能真正检验一种存在的生命力与存在价值和意义。现在，我们已经熟悉了关于微观粒子的基本知识，那么，由它而起，有哪些相关的应用呢？量子计算机，分子机器人，核武器，粒子束武器，质子治疗，纳米化妆品，物态变化……这一切的一切，你知道的有多少？让我们一起来走近它们，感受它们……

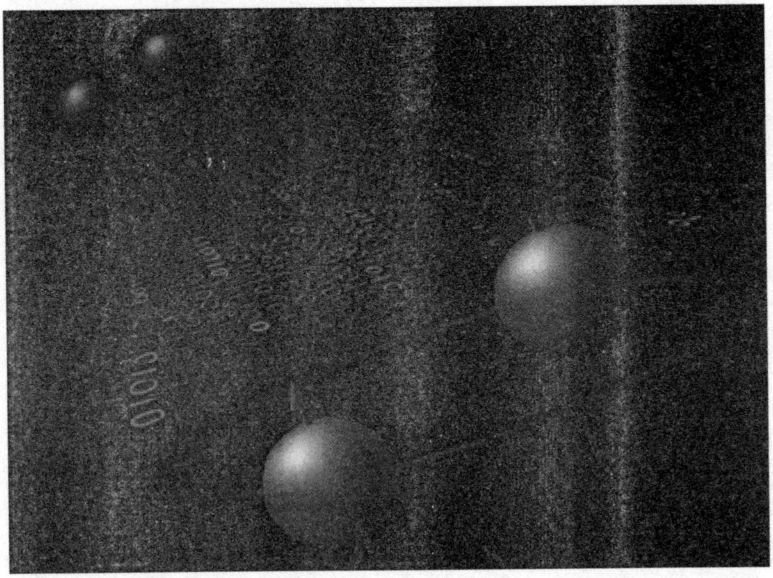

小身体大智慧
——分子机器人

“机器人”这个名字我们在生活中经常听到，“机器人”这个形象我们在电影里也经常看到，字典里面说“以操作和作业作为目的，能自动运行的机械或装置”都可称为机器人。那么，我们今天所说的“分子机器人”又有什么特别之处呢？“分子机器人”就是把数十个或者数百个原子组合起来制成的机器人，对它的研究已经成为各国的研究热点……

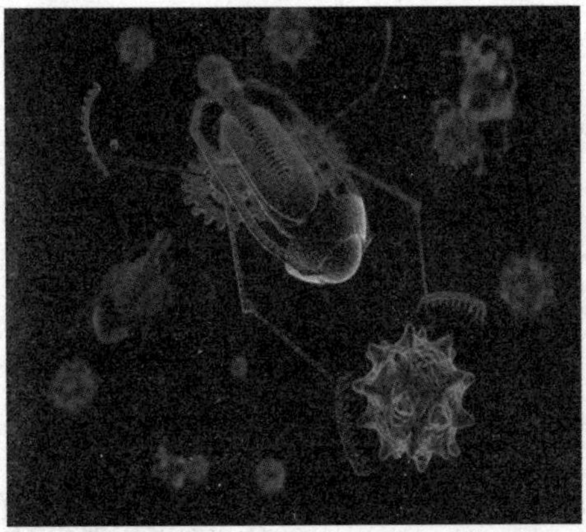
◆分子机器人

什么是分子机器人

所谓的“分子机器人”指的是在分子尺度上制造的机器人，其长短大小仅相当于1纳米左右，也称为“纳米机器人”。分子机器是人类征服自然的整个宏伟蓝图中最富有想象力和创造力的部分。而且一旦研究成功，它们可能会具有不可限量的应用前景。

◆分子钳在捕捉癌细胞

小贴士——第一台分子机器诞生

分子机器是纳米研究领域的重点。2007年新年伊始，法国图卢兹材料设计和结构研究中心与德国柏林大学科学家就在美国《自然纳米技术》杂志上共同发布了一项重要成果：成功研制出可旋转的“分子轮”，并组装出了真正意义上的第一台生物分子机器。

你知道吗?

制造分子机器人的最初构想是1950年美国著名物理学家理查德·费曼第一次提出的：“未来可以制造微小机械让其能够实施各种各样的作业。”尽管费曼并没有提出分子机器人的具体概念，但是从那以后，制造分子机器人就成为人类梦寐以求的向往。

分子机器人的“发动机”

对一部汽车而言，动力是必不可少的。对分子机器人来说也是如此，若干种相当于发动机的装置正在研制中。比如偶氮苯分子，这种分子是将两个苯环用两个氮原子连接而成的。有趣的是，在不同的光照下，偶氮苯的构造会发生变化：当照射紫外线的时候，苯环之间彼此距离会缩短；当照射可见光的时候，苯环彼此之间距离会伸长。如果能让收缩和伸长这两个动作多次往复进行，那么，靠光照运行的机器人就呼之欲出了。

还有一种双环结构也可以充当分子机器人的“发动机”，有人把其称为分子尺寸的“智慧之环”，其构造相当于两个像锁链一样的环套接在一起，在它们相交的部位嵌入金属原子（一般是铜原子），向双环结构施加电压或撤除电压，金属原子的电子数就会发生变化（因为发生了氧化或还原

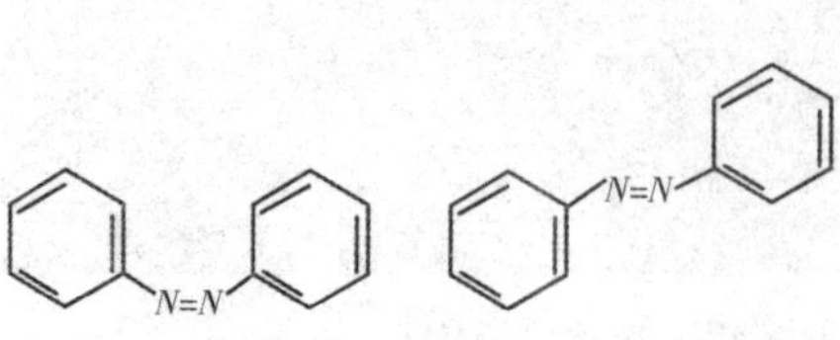

◆偶氮苯

反应)，双环与金属原子结合的位置也会随之发生变化，于是这个双环结构就会往复不停地运动起来，这样就可以把它作为“发动机”使用。

◆分子发动机：水和离子进出的精确调节器

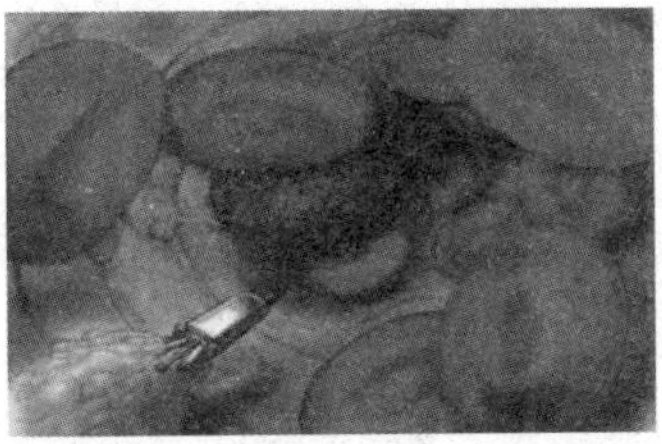
◆未来纳米机器人在人类血管中行进效果图

扭转分子的“分子钳”

日本科学家研制成功了分子机器人，这就是能够夹持分子，进而扭转使分子变形的“分子钳”。

分子钳的构造是：“发动机”采用前面提到过的偶氮苯，在分子钳中，偶氮苯所提供的“动力”相当于对钳的握把。把偶氮苯的动作传递给分子钳的前端起支点作用的“部件”是二茂铁。我们知道，在机械中有一种使旋转运动平滑进行的部件，那就是轴承。与此相似，科学家在分子钳的前端采用了一种称为“锌卟啉”的部件，它具有易与碱性物质分子相结合(即发生中和反应)的性质。一旦分子钳与碱性物质分子接触，分子钳的前端就会与碱性物质分子相结合，于是分子钳便“夹紧”了分子。此时一

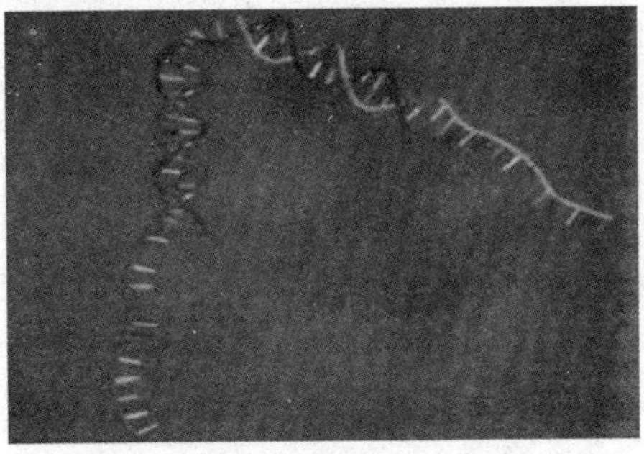
◆DNA 分子钳

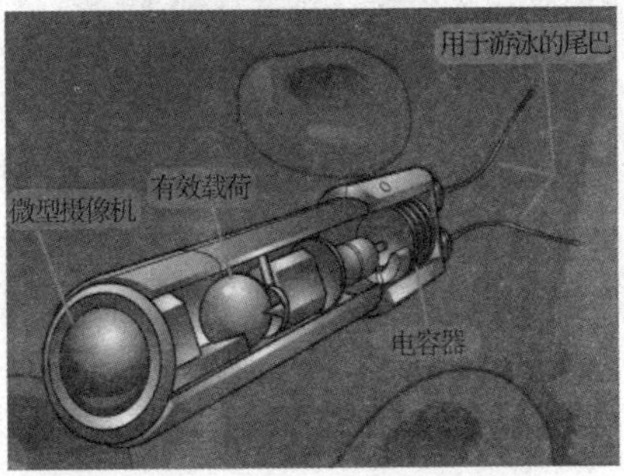

◆用于临床医学的纳米机器人

旦照射紫外线，导致苯环收缩，这个动作通过充当支点的二茂铁传递给分子钳前端的锌卟啉，分子钳的前端就会开启；当照射可见光时，导致苯环伸长，于是分子钳前端闭合。与分子钳前端结合的碱性物质分子的形态就会因这一伸一缩、一紧一松而被迫扭转变形。

分子钳的开发具有重要意义，使用分子机器人对目标分子进行某些实际操作，这在世界上还是第一次，使分子机器人的开发迈出了关键性的一大步。

你知道吗？

研究人员发现，现知的最强大的分子发动机能够被ATP打开。由于这个发动机是由RNA组成的，因此这个研究结果表明细胞早在DNA进化产生之前就具有功能了。这一发现还为纳米技术专家提供了一个可控制的发动机来驱动微型的分子尺度机器。

中国纳米机器人

◆纳米微操作机器人在10微米×10微米的基片上刻出的字样

一台能够在纳米尺度上操作的机器人系统样机由中国科学院沈阳自动化所研制成功，并通过了国家“863”自动化领域智能机器人专家组的验收。在一个演示中，沈阳自动化所的研究人员操纵“纳米微操作机器人”，在一块硅基片上10μm（微米）的区域上清晰刻出“CHINA”五个英文字母；另一个演示显示，在一个55μm的硅基片上，操作者将一个4μm长、100nm（纳米）粗细的碳纳米管准确移动到一个刻好的沟槽里。

纳米科学家眼中的纳米机器

纳米科学家眼中的纳米机器应该可以做到两点：执行它们的主要任务

和制造出它们自身完美的复制体。如果第一个纳米机器人能够制造出两个复制体，这两个复制体每个又可制造出两个自己的复制体，那么很快就可以获得万亿个纳米机器人。纳米机器人在人体内快速复制能够比癌症扩散还要快地布满正常组织，一个发疯的制造食物机器人能够把地球的整个生物圈变成一块巨大的奶酪。科学家们没有回避这些可能的灾难，正在积极研究解决策略，相信，纳米机器人会有一个明朗的未来！

假如纳米机器人忘记停止复制会发生什么？如果没有一些内建的停止信号，纳米机器人忘记停止复制这种灾难的可能后果将会是无法计算的。

广角镜——自然界到处都有分子机器人

“分子机器人在自然界并不罕见”。比如就拿我们人类的身体来说，由于分子生物学的进展，我们发现人体是微小的精密机械的组合体。DNA（脱氧核糖核酸）上记录了遗传信息的复制和蛋白质的合成。肌肉的张弛、神经网络的信息传输等，在人类所有生命活动中，如果从分子水平上观察，就可以看到正在运行的微小精密机械。

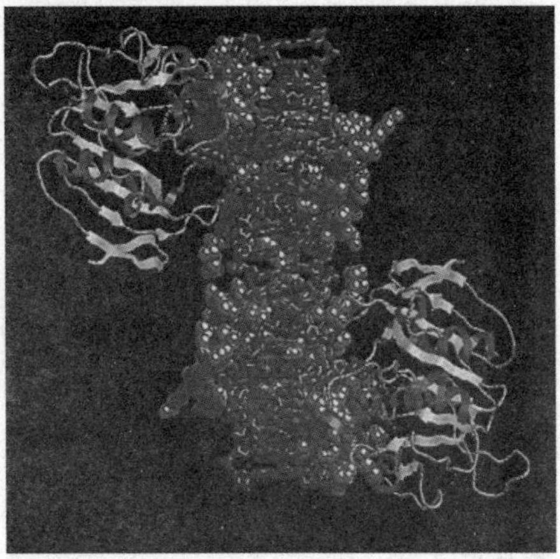

◆DNA

自然界中的分子机器人令人吃惊之处在于，它们是完全自动组装而成的，只要材料和环境条件具备，就能轻而易举地自动组装成分子机器人。目前人类掌握的技术已经能够在物质的表面一个一个地移动原子，但是要利用这种技术制造分子机器人，能力还有所不及。

成败一线间——纳米化妆品

◆化妆用品

化妆品，对追求时尚、讲究美观的现代人尤其是女性而言，是最熟悉不过的名词了。人们想借由化妆品来使自己看上去气色更好，更年轻，更美丽。也正是怀着这种期待，人们会一次一次尝试不同的化妆品，看看哪种更适合自己，哪种能给自己带来惊喜。那么，是不是真的存在驻颜葆青春的化妆品呢？化妆品能不能被皮肤很好地吸收是一个很重要的问题，那么什么样的化妆品能更好地被我们的肌肤吸收呢？人们在不断地探索……

什么是纳米化妆品

近年来，各种各样的纳米技术产品：纳米电视、纳米眼球、纳米手机等相继出现，接着便刮起一股强劲的纳米化妆品的风潮。它给人们带来了很大的使用诱惑，那么，纳米化妆品为何让人如此着迷呢？

传统的化妆品添加物成胶固状或胶囊状，其颗粒为微米数量级，对皮肤的渗透能力不是很好，皮肤只能通过表皮吸收和毛囊吸收这两条途径，皮肤最外层为疏水角质层，因而水溶性物质和大分子的物质通过这两条途径吸收不是很容易，因此传统工艺生产的营养添加剂不易被皮肤细胞吸收。而纳米化妆品是对传统的营养添加剂进行改进，采用纳米技术制备化妆品的营养添加剂，将化妆品中最具有功效的成分进行特殊处理，使得到的微粒尺寸达到纳米数量级，这些微粒可以轻而易举透过皮肤毛孔，进入真皮层，从而能够更彻底地被吸收。按常理分析，吸收得越彻底，效果必当越明显。

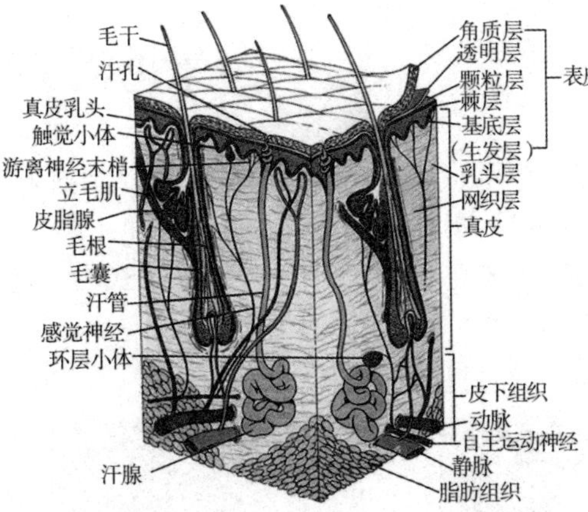

◆皮肤结构

你知道吗？

皮肤可是我们的门面工程，要根据自己的肤质慎重地选择化妆品，但是肤色的好坏与平时的作息和饮食习惯也都有很大关系哦。平时要多吃水果蔬菜，忌讳暴饮暴食，要按时作息，早睡早起，尽量避免熬夜，这样你的皮肤才会如婴儿般嫩滑哦！

最佳拍档 DNA

DNA（脱氧核糖核酸），是美容保健领域中的另一热门。它被称为是纳米化妆品的最佳搭配伙伴，DNA 这种天然生物材料最易通过纳米技术处理，所以 DNA 与纳米技术完美结合的产品便成为如今化妆品行业中的宠儿。含有 DNA 科技护肤的产品，能不断修复和增强已受损或者衰老细胞的活性，加强细胞代谢功能，让肌肤焕发年轻光彩。

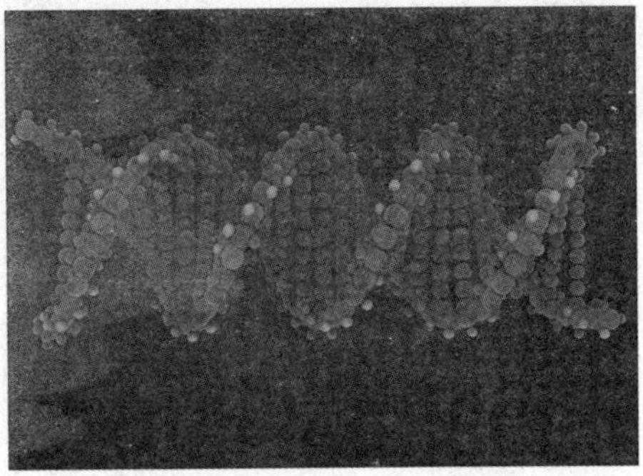

◆DNA 分子

纳米化妆品的魅力

纳米化妆品之所以备受推崇，是因为它有一系列独特的优点：

（1）提高吸收率

纳米化妆品所用的抗衰老剂SOD、氨基酸等物质，粒度小，可为皮肤全部吸收。

（2）提高抑菌抗菌作用

◆化妆品

纳米级的材料自身有抑菌作用，研制出的细胞体调理霜，对皮肤有很好的免疫调节、抗菌消炎及防敏脱敏功效。

（3）增强防晒剂功能

现今，国外采用物理蒸汽合成法生产纳米二氧化钛这种防晒原料，而纳米原料用在化妆品中，最大的优点是其属于无机惰性原料，应用非常安全。此外，传统配方中使用防晒剂原料，涂抹在皮肤上会产生白色残留物，而使用纳米防晒原料残留物是无色的，阻隔紫外线功能也很强。

你知道吗？

化妆品的传统载体是水和各种动植物油脂，近年来，微胶囊和纳球已广泛应用为化妆品的载体。微胶囊是指用聚合物薄膜将微量固体、液体或气体物质包裹制成微小囊状物，超薄壁厚仅10nm。

（4）纳米胶囊技术

将功效成分包裹在直径为纳米尺寸的胶囊中，以纳米胶囊作为载体，自动而匀速地缓释作用于皮肤组织，使功效成分较长时间维持在有效浓度内，起到稳定有效成分、减少特殊添加剂对皮肤的刺激等作用。

如今，纳米科技应用于化妆品行业的趋势已经势不可挡，许多纳米美容品已经初露端倪，可以说，纳米技术在化妆品领域的应用，将提升化妆品高科技含量。

广角镜——网上查一查

1. 去搜索网站；

2. 搜索："纳米化妆品"，这时你将会发现许多关于纳米化妆品的网站链接，随便点一个开始了解吧；

3. 有哪些化妆品品牌开始生产纳米化妆品，这些化妆品有什么特殊功效？

褒贬不一

很多有钱人一掷千金，就是为了返老还童，永驻青春，他们花大量的金钱来买纳米化妆品，这些有钱人的盲目举动也刺激了化妆品生产商的生产。2007 年曾有报道称，天价 16 万元的纳米黄金化妆品现身第 26 届广州美博会。

◆可以美容的水果

然而，有关专家表示目前市场上很多的纳米化妆品只是在概念炒作。有关专家指出，现在所宣传的纳米护肤品，实际是指护肤品中的某些有效成分，在被加工成纳米级的级别之后，在一定程度上提高了功效。其实是否为真正的纳米化妆品，主要是看其是否购买了纳米级的原材料。这种原材料价格较贵，国内企业往往因为考虑到成本而不愿意购买。而且，此种技术基本上掌握在国外化妆品原料供应商手中。因此，专家提醒消费者，不要盲目相信厂家的宣传。

另外，因为纳米化妆品的粒度非常小，它很容易被皮肤吸收，那么，专家质疑，纳米化妆品在保养皮肤的同时，会不会轻易越过皮肤的防线，进入人的内部组织，与内部组织发生反应，进而对组织造成伤害呢？这一切，都有待于验证。只有经过科学验证的纳米化妆品才能真正地为爱美的我们服务，真正地发挥它的无穷威力！让我们一起期待吧，期待那一天的到来，也许人人都可以拥有完美肌肤呢！

友情提醒——安全警示

一些护肤品生产厂家在抗衰老的产品中加入碳富勒烯，或在防晒霜中加入某种纳米粒子。但专家称："我们的专家特别关注碳富勒烯的潜在毒性，特别是如果它能够渗透入皮肤的话。专家还关注防晒产品中常用的二氧化钛和二氧化锌，这些物质以纳米形态存在是否安全还需进一步研究。"那么，针对这些褒贬不一的情况，你是怎么认为的呢？你会选用它们吗？

拓展思考

1. 你熟悉哪些化妆品品牌，你知道哪些品牌有纳米化妆品？
2. 纳米化妆品的优点是什么？
3. 你觉得纳米化妆品在未来会大量进入我们的生活吗？
4. 谈谈你对使用化妆品的态度和看法？

别惹我发火——核武器

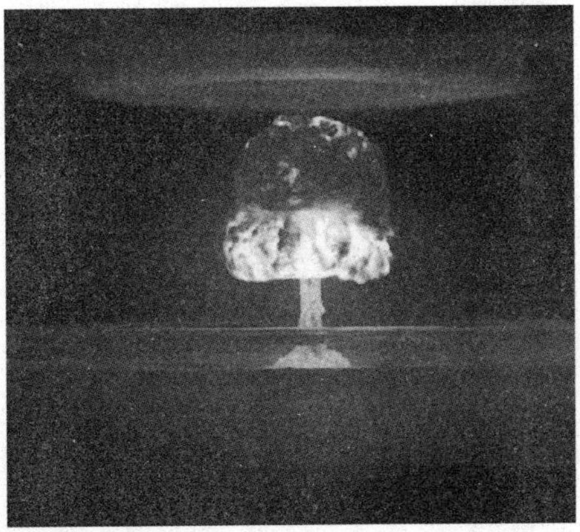
◆核武器爆炸

还记得那朵蘑菇云吗？它拥有巨大的杀伤力，它让人望而生畏，它的出现，对现代战争的战略战术产生了重大影响。它的威力摄人心魄，它就是核武器！它也叫核子武器或原子武器，是指利用自持（不需外界干预，自身可持续进行）核裂变或核聚变反应（或两者兼有）瞬间释放出的巨大能量产生爆炸作用，造成大规模杀伤或破坏以及造成大面积污染效果的武器。

分类及威力

◆核武器爆炸场景

核武器（nuclear weapon）是利用原子核裂变或聚变反应，瞬间释放出巨大能量，造成大规模杀伤和破坏作用的武器。核武器包括原子弹，氢弹和中子弹。

核武器爆炸，释放的能量非常巨大，整个核反应过程非常迅速，在微秒级的时间内即可以完成。核武器爆炸后，在其周围小范围内形成极高的温度，加热并压缩周围空气使之急速膨胀，产生高压冲击波。地面和空中核爆炸，还会在周围空气中形成火球，发出很强的光辐射。核反应过程还产生各种各样的射线和放射性物质碎片，向外辐射的强脉冲射线与周围物质相互作用，造成电流的增长和消失，这个过程中，又会产生电磁脉冲。这些不同于化学炸药爆炸的特征，使核武器具备特有的强冲击波、光辐射、早期核辐射、放射性污染和核电磁脉冲等超强杀伤破坏作用。

知识窗

什么是 TNT 当量？

核武器的威力取决于爆炸时所释放出的能量，以 TNT 当量（TNT equivalent）表示。所谓 TNT 当量是指核爆炸时所释放的能量相当于多少吨（t）TNT 炸药爆炸所释放的能量。

点击——小知识

重核裂变链式反应必须在一定质量的体积中才能进行。能使重核裂变链式反应持续进行的裂变物质的最小质量，叫作临界量，与临界量相对应的体积，叫作临界体积。

原子弹

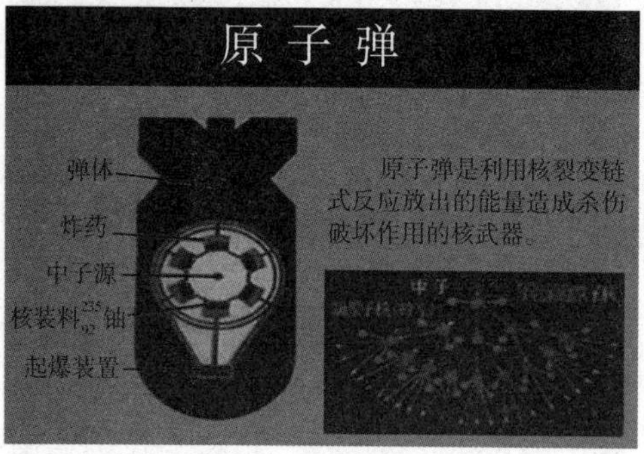

◆原子弹结构

原子弹的爆炸原理依据的是重原子核裂变的链式反应。原子弹是利用^{235}U 或^{239}Pu 等易裂变重原子核裂变释放巨大能量从而起杀伤作用的一种武器，又称核裂变弹。以^{235}U 作为核装料的称铀弹，以^{239}Pu 作为核装料的称为钚弹。原子弹的威力通常为几百至几万吨级 TNT 当量，有巨大的杀伤破坏力。

原子弹主要由引爆控制系统、炸药、反射层、核装料组成的核部件、核点火部件和弹壳等结构部件组成。引爆控制系统用来适时引爆炸药，是推动、压缩反射层和核部件的能源；反射层由铍或铀构成，用来减少中子的漏失；核装料主要是^{235}U或^{239}Pu；核点火部件用以提供“点火”中子，以引发链式裂变反应；弹壳用来固定和组合各部件。

1945年7月16日，美国在新墨西哥州阿拉莫戈多的沙漠地带引爆了世界上首枚原子弹。3周之后，美国又分别向日本的长崎和广岛各扔下一枚核弹。此后，美国又分别进行了各种核弹、氢弹以及热核炸弹的试验。

1965年5月14日中国首次空爆原子弹试验成功。5月30日，周恩来、邓小平、聂荣臻在北京接见了参加试验的代表李源一、于福海等人。

知识窗

原子弹发展趋势

1. 原子弹体积重量的小型化；
2. 适应战场使用的多种低威力和威力可调的核装置；
3. 提高安全性、可靠性、有效性，提高核装料的利用效率；
4. 最重要的进展则是发展了“助爆型原子弹”。

名人介绍：中国的两弹元勋——邓稼先

◆邓稼先

邓稼先，杰出科学家、中国“两弹”元勋，参加组织和领导我国核武器的研究、设计工作，是我国核武器理论研究工作的奠基者之一，从原子弹、氢弹原理的突破和试验成功及其武器化，到新的核武器的重大原理突破和研制试验，均做出了重大贡献，作为主要参加者，其成果曾获国家自然科学奖一等奖和国家科技进步奖特等奖；被称为“中国原子弹之父”。

氢 弹

氢弹是利用原子弹爆炸的能量点燃氢的同位素如氘等轻原子核的聚变反应，瞬时释放出巨大能量的核武器。又称聚变弹、热核弹、热核武器。氢弹的杀伤破坏因素与原子弹相同，但其威力却比原子弹大得多。氢弹的威力可大至几千万吨级 TNT 当量，并且，还可通过设计来增强或减弱其某些杀伤破坏因素，因此，其战术技术性能要比原子弹更好，用途也更为广泛。三相弹是目前装备得最多的一种氢弹。

为使武器系统具有良好的作战性能，要求氢弹自身的体积小、重量轻、威力大。因此，比威力的大小是氢弹技术水平高低的重要标志。

1942 年，美国科学家在研制原子弹的过程中，推断原子弹爆炸提供的能量有可能点燃氢核，引起聚变反应，并想以此来制造一种威力比原子弹更大的超级弹。1952 年 11 月 1 日，美国进行了世界上首次氢弹原理试验。从 20 世纪 50 年代初至 60 年代后期，美国、苏联、英国、中国和法国都相继研制成功氢弹，并装备部队。

1967 年 6 月 17 日，在我国西部地区成功地爆炸了第一颗氢弹。这次试验是中国继第一颗原子弹爆炸成功后，在核武器发展方面的又一次飞跃，标志着中国核武器的发展进入了一个新阶段。

◆中国第一颗氢弹爆炸

知识窗

三相弹

三相弹也称“氢铀弹”。以天然铀作外壳，其放能过程为裂变—聚变—裂变三阶段的氢弹。在核热装料外包上一层^{238}U外壳，聚变反应时，产生的高能中子使外壳的^{238}U起裂变反应，释放出更多的能量。爆炸威力十分巨大。

广角镜：“氢弹之父”——爱德华·特勒

◆爱德华·特勒

爱德华·特勒于1908年1月15日出生于匈牙利首都布达佩斯的一个犹太家庭，父亲是一名律师，母亲是钢琴家。和爱因斯坦一样，将近两岁才张口说话的特勒在小学时就显露出超人的数学才能。苦于父亲的压力，特勒在德国莱比锡大学学习的是物理，但他从来没有放弃对数学的钻研。1930年，特勒获得了莱比锡大学的物理博士学位，并在德国的一所大学任教。1949年，当苏联研制成功第一枚原子弹之后，特勒力促杜鲁门总统加快氢弹的研究。他也因此重返洛斯阿拉莫斯实验室，全力以赴投入到氢弹的研制工作中去。1952年11月1日，世界上第一个热核聚变装置在太平洋上的恩尼威托克岛爆炸成功。特勒成了名副其实地“氢弹之父”。

爱德华·特勒不仅是美国的“氢弹之父”，也是名副其实的世界“氢弹之父”。虽然氢弹爆炸成功是当时两个超级大国相互进行军备竞赛的产物，也给人类带来了严重而深刻的和平危机，但是，它无疑是人类科学和技术巨大进步的标志性产物。氢弹的成功爆炸宣告了人类可以也能够利用轻核能源时代的到来。同时，我们也可以从氢弹的试制成功看到，科学技术进步能够快速推动人类文明，也能够毁灭人类的一切文明！它始终是悬在我们头上的“双刃剑”。我们关注科学技术进步的同时，也应当同样关切人类自身的命运。

中子弹

◆中子弹爆炸震撼场面

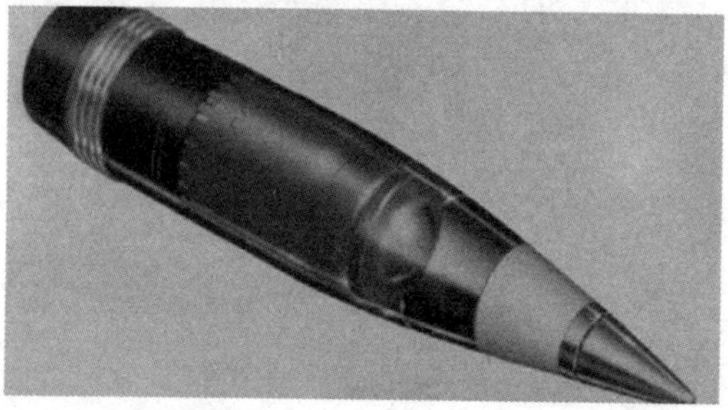

◆W79 型中子弹

中子弹，又称强辐射武器或增强辐射弹。它是一种能发挥特殊威力的战术核武器，用于大量杀伤战场上包括坦克乘员在内的有生力量，而对建筑设施、武器装备则破坏不大。实际上是一种靠微型原子弹引爆的特殊的超小型氢弹。

中子弹的特点是爆炸时核辐射效应大、穿透力强，释放的能量不高，冲击波、光辐射、热辐射和放射性污染比一般核武器小。中子弹的杀伤原理是利用中子的强穿透力。不带电的中子从原子核里发射出来后，不受外界电场的作用，穿透力极强。在杀伤半径范围内，中子可以穿透坦克的钢甲和钢筋水泥建筑物的厚壁，杀伤里面的人员。中子穿过人体时，使人体内的分子和原子变质或变成带电的离子，引起人体里的碳、氢、氮原子发生核反应，破坏细胞组织，从而使人发生痉挛、间歇性昏迷和肌肉失调，严重时会在几小时内致人死亡。

点击——中子弹的发展

到目前为止，中子弹尚未在实战中使用。理论上遭到中子辐射污染的人员，短时间内即会感到恶心，暂时（或永久）失去活动能力，相继发生呕吐、发烧、等症状，甚至会出现休克现象，白细胞明显下降，最后导致败血症，一周以内即

◆中子弹爆炸场面

行死去，惨状难以想象。巡航导弹携载中子弹头，也可用重力炸弹或滑翔炸弹携载中子弹，由飞机投掷。

美国于 1958 年开始由塞姆·科恩（Samuel Cohen）着手中子弹的研发，虽然总统肯尼迪曾反对过中子弹的研发，但仍于 1962 年由劳伦斯·利弗莫尔核武实验室首先研发成功，并在内华达州引爆。中子弹又称强型辐射弹，是一种靠微型原子弹引爆的超小型氢弹，外层用铍反射层包着，高能中子可自由逸出，使放射性污染的范围比较小。中子流的贯穿能力极强，占总能量的 80% 左右，距爆心 800 米处的中子流可以穿透 30 厘米厚的钢板、重型坦克、建筑物、砖墙去杀伤人员，而坦克、建筑物和武器却能完好地保存下来，因此被称为干净的武器，爆炸区在一天之后，军队很快可以进入目标区作战。中子弹的神秘面纱源自于此。当时发展的理由是为了阻止苏军坦克群入侵西欧，仅使作战人员死亡或受伤，而武器、通信等完好如初。

拓展思考

1. 中子弹与原子弹和氢弹的区别与联系有哪些？
2. 你能说出有关核武器的一些事实吗？
3. 你认为各国致力于核武器的目的是什么？
4. 对于“核武器对于当代战略战术产生的影响”，你是怎样认识的？

无坚不摧——粒子束武器

◆黑洞喷射高能粒子束

当今世界，武器的研究和发展已经进入了原子和分子世界，让人望而生畏的核武器就是其中之一。位于原子中央的质子带正电，核外电子带负电，中子是电中性的，而被称为粒子的物质是指电子、质子、中子及其他带正、负电的离子。这些粒子被加速到光速可以作为武器使用。粒子束发射到空间，可熔化或破坏目标，并且，在命中目标后，还会发生二次磁场作用，对目标进行更彻底的破坏。让我们一起来见识一下粒子束武器吧！

粒子束武器

◆粒子武器攻击假想图

粒子束武器，又被称作粒子武器，它是用高能强流加速器，将粒子源产生的电子、质子、中子或其他带电离子加速到光速的0.6～0.7倍，用磁场聚焦成密集的粒子束流，发射出去，射向目标。粒子所带有巨大的动能就会传输到目标物上，使其损毁或者失效。其主要特点是：粒子束流能量高度集中，穿透力强，脉冲发射率高，能快速改变发射方向。粒子束武器由粒子源、粒子加速器和探测、瞄准跟踪及指挥、通信设备等组成。粒子束能够穿过云雾，又不怕反射，这就使得它比激光武器等更略胜一筹。粒子束摧毁目标或使之失效的机理大致有三种：一是使结构破坏；二是使引爆药早爆；三是使电子设备失效。

进 展

◆粒子加速器透视图

世界上从事粒子束武器技术研究的主要国家是美国和苏联。早在20世纪60年代，他们就开始了对粒子束武器的研究。苏联在20世纪60年代开始就研究利用粒子束武器作为反卫星和反导弹武器的技术可行性，已在粒子源和加速器等关键技术方面作了大量的基础性工作，苏联曾于1968年10月公布了1000GeV的质子加速器和质子束形成装置，20世纪70年代开始了武器概念的研究工作，20世纪80年代取得了突破性的进展。美国也从20世纪60年代就开始研究粒子束武器技术，并在20世纪80年代初将其列为SDI计划的一个重要研究项目，在技术上也取得了一些重要进展。1989年，美国利用小型的中性粒子束装置进行了空间试验，演示了中性粒子设备在空间工作的能力，成为第一个在空间试验中性粒子束技术的国家。俄美正在研究的粒子束武器有两种，一种是大气层使用的带电粒子束武器，一种是在外层空间使用的中性粒子束武器。鉴于其技术问题，粒子束武器技术在美国SDI计划中的地位逐步降低，经费逐年减少，进度不断放缓，至少在21世纪初还无法作为防御武器或识别手段使用。

小知识

什么是粒子加速器?

粒子加速器是用人工方法产生高速带电粒子的装置。日常生活中常见的粒子加速器有用于电视的阴极射线管及X光管等设施。粒子加速器是探索原子核和粒子的性质、内部结构和相互作用的重要工具，在工农业生产、医疗卫生、科学技术等方面也都有重要而广泛的实际应用。

优　点

◆以反物质为能源的粒子束飞船

◆粒子束武器

粒子束武器在使用中具有快速、高能、灵活、干净、全天候等优点：

快速，是指粒子“炮弹”飞行的速度非常快。粒子束武器射出的高能粒子束以接近光速的速度飞向目标。因此，用它来拦截各种空间飞行器，可在极短时间内命中目标，非常适用于对付远距离高速飞行的洲际弹道导弹等。而且正因为它的速度接近光速，所以一般不需要考虑射击提前量。

高能，是指粒子束武器可以将巨大的能量高度集中到一小块面积上。它与其他武器靠弹片或爆炸后使能量由爆心向四方传播的面状杀伤武器不同，是一种杀伤点状目标的武器。它不仅能引起靶材熔化、损坏并导致断裂，还可以穿透到目标的内部，引起内部机体和电子元器件的损坏，使其不能正常工作，或引起目标战斗部的提前起爆等。

灵活，是指变换射击方向灵活方便，武器的灵活性在战斗中是尤为重要的。粒子束武器虽然体积庞大，但改变射击方向却十分简单灵便，只要改变一下粒子加速器出口处导向电磁透镜中电流的方向或强度，就能在百分之一秒内迅速改变粒子束的射击方向。因此，它转移火力的时间很短，便于同时拦截或攻击多个目标。

干净，是指粒子束武器没有放射性污染。

全天候，是指粒子束武器能在各种气象条件下使用。激光武器虽与粒子束武器有很多相似的地方，但它受天气条件影响较大，不能在恶劣气象条件下作战，这是它最大的缺陷，而粒子束武器则弥补了这一缺点。它发射的粒子能穿云透雾，不论在什么天气下，都能对付或攻击各种目标。所以，有人称赞粒子束武器是“全天候作战武器”。

高能粒字书武器、高功率微波武器与激光武器同属定向能武器，是指利用各种束能产生的强大杀伤力的武器。

链接：什么是激光武器?

激光武器是一种利用沿一定方向发射的激光束攻击目标的定向能武器，具有快速、灵活、精确和抗电磁干扰等优异性能，在光电对抗、防空和战略防御中可发挥独特作用。它分为战术激光武器和战略激光武器两种。它将是一种常规威慑力量。战术激光武器的突出优点是反应时间短，可拦击突然发现的低空目标。用激光拦击多目标时，能迅速变换

◆激光武器

射击对象，灵活地对付多个目标。激光武器的缺点是不能全天候作战，受限于大雾、大雪、大雨，且激光发射系统属精密光学系统，在战场上的生存能力有待考验。

拓展思考

1. 想象一下，未来战争将会是什么样子？
2. 我国在定向能武器研发方面有什么进展？
3. 说一下粒子加速器的原理。
4. 定向能武器又被称为什么？

小头脑大智慧
——量子计算机

◆量子计算机

计算机技术把我们带入了一个崭新的“信息时代”，给我们的工作和生活带来了巨大变化。发明计算机的先驱者并没有料到计算机在今天能成为人们生活中不可或缺的工具，他们也难以想象计算机诞生以来发生的惊天动地的变化。计算机芯片的集成度以大约每十八个月就提高一倍的速度增长，计算机芯片的集成度在不久的将来就有望达到原子分子量级。但是量子力学告诉我们，在这样的微观领域内，量子效应会影响甚至完全破坏芯片功能，那么量子计算机的前景如何呢？

概念与背景

◆量子计算机

量子计算机是一类遵循量子力学规律进行高速数学和逻辑运算、存储及处理量子信息的物理装置。当某个装置处理和计算的是量子信息，运行的是量子算法时，它就是量子计算机。量子计算机的概念源于对可逆计算机的研究。至此，量子力学和计算机这两个看似互不相干的理论的结合产生了一门也许会从根本上影响人类未来发展的新兴

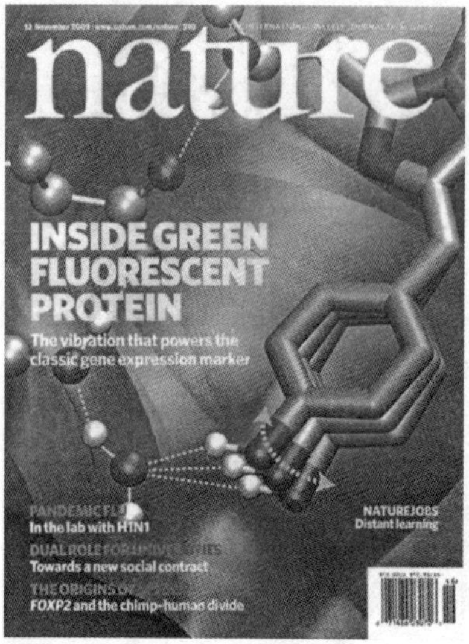

◆《自然》杂志封面

学科——量子信息学。

当计算机的芯片集成度达到原子分子等级的时候，量子干涉效应会完全破坏芯片的功能。但是，是不是说量子力学就一定是计算机技术的大敌呢？对于现有计算机技术，量子力学的限制确实是一个棘手的障碍。但是如果用量子力学的原理直接进行计算，不但可以越过量子力学的障碍，而且可以开辟新的发展方向。量子计算机就是以量子力学原理直接进行计算的计算机。量子计算机主要基于量子系统的独特性质（纠缠态等），而量子比特正是未来量子计算机的基本构建单位。一个量子比特能够以两种状态同时存在，而且量子比特携带的信息之间能够以特殊的方式相互“纠缠”。

1996年，美国《科学》周刊科技新闻中报道，量子计算机引起了计算机理论领域的革命。同年，量子计算机的先驱之一班尼特在英国《自然》杂志新闻与评论栏声称，量子计算机将进入工程时代。目前，有关量子计算机的理论和实验正迅猛发展。量子计算机的概念最初源于对可逆计算机的研究。

量子计算机的运作过程也必须由时序控制，而目前的量子逻辑门的运算速度比经典计算机逻辑门运算速度慢得多。

点击——可逆计算机

对量子计算机的研究是从可逆计算机开始的。通常每个计算操作会失去一些比特信息，也可表现为丢弃能量。可逆计算机的目标是重新获得并使用这些能量。由美国佛罗里达州立大学迈克尔·弗兰克设计的可逆计算机通过逻辑门能够实现逆行运算。早期的量子可逆计算机，实际上是用量子力学语言表述出来的经典计算机，它没有利用量子力学的本质特性，如量子叠加性和相干性。后来，肖尔给出了关于大数因子分解的量子多项式算法，此问题在经典公钥体系中有重要应用，肖尔的发现掀起了研究量子计算机的热潮，从此之后量子计算机的发展日新月异。

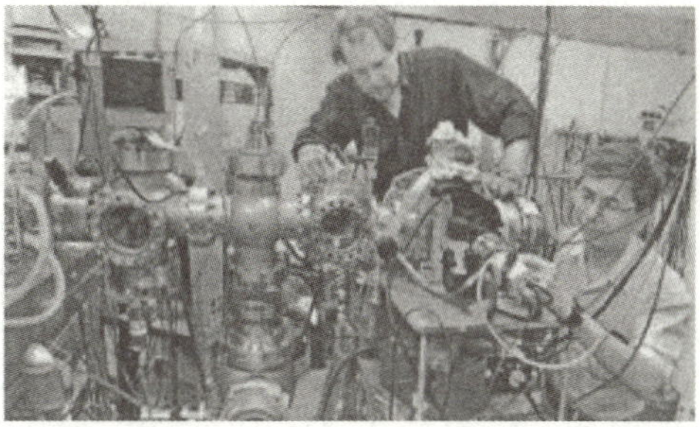

◆量子计算机

用　途

量子计算机可以进行大数的因式分解，以及 Grover 搜索破译密码，但是同时也提供了另一种保密通信的方式。在利用 EPR 对进行量子通信的实验中我们发现，只有拥有 EPR 对的双方才可能完成量子信息的传递，任何第三方的窃听者都不能获得完全的量子信息，正所谓解铃还须系铃人，这样实现的量子通信才是真正不会被破解的保密通信。此外量子计算机还可以用来作量子系统的模拟，人们一旦有了量子模拟计算机，就无须求解薛定愕方程或者采用蒙特卡罗方法在经典计算机上进行数值计算，便可精确地研究量子体系的特征。

◆未来的量子通信

进　展

2009 年，爱丁堡大学和曼彻斯特大学在《自然》杂志上发表了一项研究成果，研究者们近日制造了一个分子设备，该设备可以作为一个部件用于组建超级量子计算机。研究者们将微型磁铁混入分子设备中，使设备的

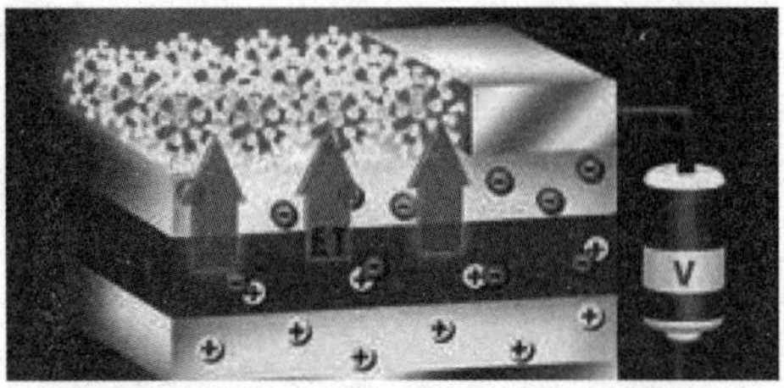

◆将电子捕进量子阱

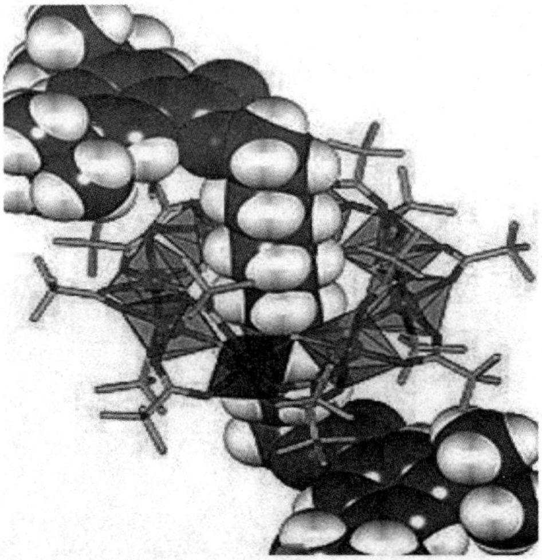

◆分子设备示意图

内部构件不需要外力就可以聚合在一起。这种可以灵活控制的微型磁铁将成为量子计算机的基本部件。爱丁堡大学化学分院的教授大卫利说："这个发明让我们离超快速无硅化计算机又跃进了一步。"

"我们现在要解决的问题是如何把许多比特聚合在一起，组成可以运行计算的部件，而且我们还要解决各个部件之间如何通信的问题。"

人们在设计和制造具有革命性的量子计算机的过程中，所遭遇到的最主要的障碍是如何寻找到合适的途径操控单个电子，因为构建量子计算机的处理部件或"量子比特"将是电子。2010年，美国普林斯顿大学物理副教授杰森·培塔表示，他和加州大学圣巴巴拉分校的科学家通过研究寻找到了操控电子的方法。该方法能改变单个电子的特性，而同时又不干扰成万亿计的邻近电子。该研究成果为未来开发多种处理能力超强、运算速度超快的计算机奠定了基础。

小知识

什么是量子通信？

量子通信是利用量子纠缠效应进行信息传递的一种新型的通信方式。是将量子论和信息论相结合的新的研究领域。目前量子通信主要涉及：量子密码通信、量子远程传态和量子密集编码等。

动动手——上网了解计算机发展历史

1. 去搜索网站；

2. 搜索："计算机发展历史"，这时你将会发现许多关于电子计算机发展历史的网站链接，随便点一个开始了解吧；

3. 将你学到的东西尽量记下来，今后很可能会用到的哦。

展 望

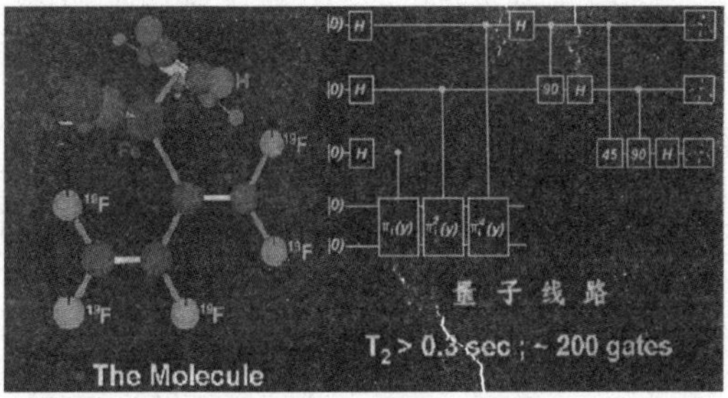

◆5 个 qubit 的量子计算机

现在用原子实现的量子计算机只有 5 个比特，放在一个试管中而且配备有庞大的外围设备，只能做 1+1=2 的简单运算，正如班尼特教授所说，"现在的量子计算机只是一个玩具，真正做到有实用价值的也许是 5 年、10 年，甚至是 50 年以后"，中国量子信息专家中国科技大学的郭光灿教授则宣称，他领导的实验室将在 5 年之内研制出实用化的量子密码，来服务于社会！科学技术的发展过程充满了偶然和未知，就算是物理学泰斗爱因斯坦也绝不会想到，为了批判量子力学而用他的聪明大脑假想出来的 EPR 态，在六十多年后不仅被证明是存在的，而且还被用来做量子计算机。

我运动，我变化
——物态变化之谜

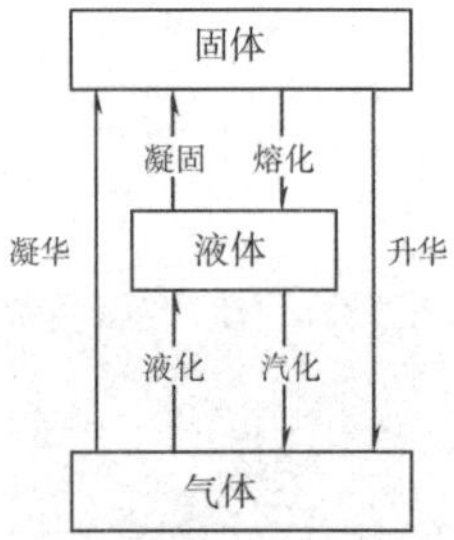

◆物态变化

气温下降，液体的水凝结成冰，气温上升，液态的水变成气体，这是我们生活中最常见的物态变化。你能叫出这些物态变化的名字吗？水又为什么会结成冰？冰又为何能化为水？为什么水还能变成水蒸气？液态水，固态水、气态水，它们还是同一种分子构成的吗？如果是，那么又为何会呈现不同的状态呢？让我们一起来揭示物态变化的秘密吧！

分子运动论

◆扩散

分子运动论是从物质的微观结构出发来阐述热现象规律的理论。分子运动论阐明：气体的温度是分子平均平动动能大小的标志，压强是由于大量气体分子对容器器壁的碰撞而产生的。此外，它还初步揭示了气体的扩散，热传递和黏滞现象等的本质，并解释了许多气体实验定律。

分子运动理论的基本内容是：

（1）物体是由大量分子组成的，分子永不停息地作无规则的运动，分子之间存在着相互作用力。大量分子无规则的运动叫作分子的热运动。

（2）构成物质的单元有多种，原子（金属），离子（盐类），或分子

（有机物），然而，由于热力学中这些微粒作热运动时遵从相同的规律，所以统称为分子。

无数客观事实和现象证明了分子运动论的正确性，如布朗运动、扩散现象。它能很好地解释各种不同物质的结构和特点，以及所有的热现象，并把物质的宏观现象和微观本质联系起来。

汽化和液化

物质由液态转变为气态的过程称为汽化。汽化有两种不同的方式：蒸发和沸腾。物质由气态转变为液态的过程，称为液化。生活中常见的液化现象有雾、露、雨的形成。

◆雾景

> 雾的出现以春季2～4月间较多。凡是大气中因悬浮的水汽凝结，能见度低于1千米时，气象学称这种天气现象为雾。

首先说汽化，液体分子之间由于热运动互相撞击，它们的运动速度不一样，所以速度快的分子，它本身所具有的能量（内能中的动能）就大些。当这个分子具有的能量变得足够大时，便能够克服液体分子间的吸引，这个分子就能摆脱液体母体，单独分离出去，变成独立分子，也就是说成了气体。对于液体而言，能量大的分子跑掉了，剩下能量小的，所以液体分子的平均能量就会在汽化过程中变小。

液化过程：当温度降低时，分子的热运动变慢，分子的能量变小，分子之间的作用力相对于分子的动能来说比较大，就会将分子吸引到一起，分子间间隙变小，成为液体。

凝固和熔化

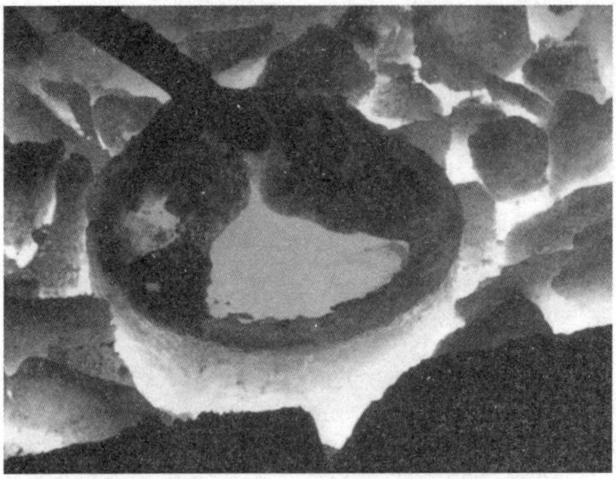

◆熔化的铜

◆美丽的雪景

熔化是物质从固态变成液态的相变过程。例如，熔化的铜；猪油放在锅里加热后变成液体。凝固是熔化的逆过程。例如，水结成冰；肉汁凝固成肉冻。晶体有固定的熔化温度，叫作熔点，与其凝固点相等。

熔化过程：物质吸热，分子热运动加剧，分子具有的动能变大，使得分子间间距变大，物质由固态变为液态。

凝固过程：物质放热，分子热运动变得缓慢，分子具有的动能变小，使得分子之间的间距变小，物质由液态变为固态。

你知道吗？

晶体吸热温度上升，达到熔点时开始熔化，此时温度不变。晶体完全熔化成液体后，温度继续上升。熔化过程中晶体是固液共存态。

凝华和升华

◆玻璃窗花

物质从气态不经过液态而直接变成固态的现象，是物质在温度和气压高于三相点的时候发生的一种物态变化。凝华过程物质要放出热量。升华是凝华的逆过程。凝华和升华都是生活中常见的现象。冬夜，室内的水蒸气常在窗玻璃上凝华成冰晶，这就是凝华现象。霜和雪的形成也都是水蒸气的凝华现象。在很冷的冬天，结冰的衣服会变干的过程是水的升华过程。另外，用久的电灯泡会显得黑，是因为钨丝受热升华形成的钨蒸气又在灯泡壁上凝华成极薄的一层固态钨。

自然中的物态变化均可以用分子运动论来加以解释，那么，生活中还有什么现象与分子运动有关呢？比如，我们常见的扩散现象，扩散现象说明分子无规则运动，并且说明分子之间是由间隙的。除此以外，你还能想到哪些呢？动脑子想一想。

凝华过程：随着温度的急剧降低，分子热运动骤然减慢，分子动能急剧降低，分子之间由于引力作用使得距离彼此急速拉近，物质由气态直接变为固态。升华过程正好相反。

拓展思考

1. 绝对零度时分子有没有热运动？
2. 物态变化中哪些过程放热，哪些过程吸热？
3. 挤压两块玻璃后，为什么很难分开？
4. 你能闻到花的香味是为什么呢？

放疗治癌的冲锋枪——质子治疗

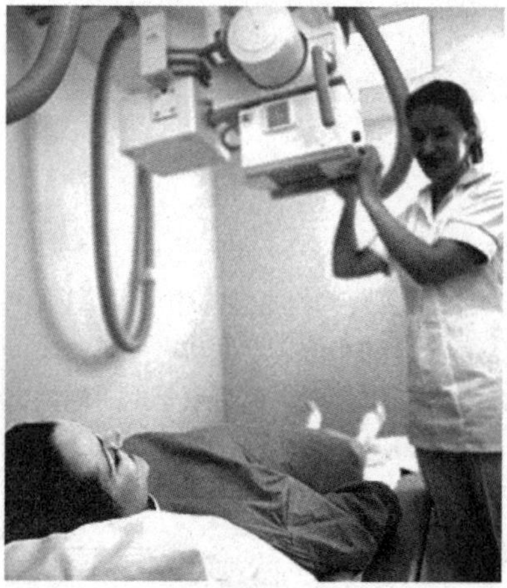

◆放疗

在当今社会，尽管科技的发展更加进步，人们更加熟悉了各种各样的疾病概念，但是，提及“癌症”这两个字，人们还是不免谈癌色变。癌症是人类健康的“三大杀手”之一，在普通人看来，癌症和死亡中间几乎是画等号的。放射治疗是治疗癌症的一种方法，而质子治疗是目前世界上临床应用最先进的放射治疗手段，那么，相对于传统的放疗，它又有什么独特的优势呢？

什么是放疗

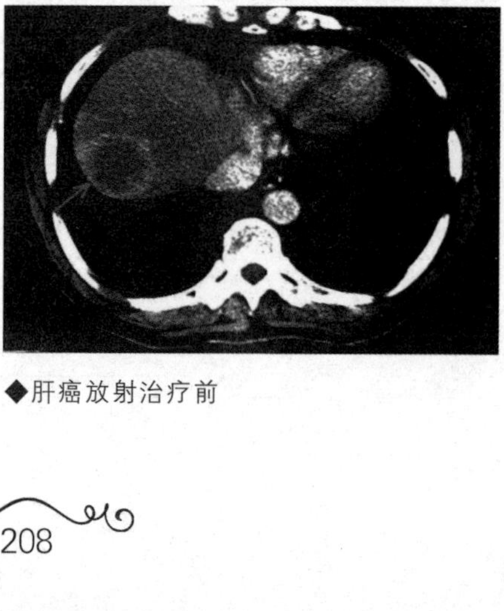

◆肝癌放射治疗前

放射治疗简称放疗，它是利用高能电磁辐射线作用于生命体，使生物分子结构改变，达到破坏癌细胞目的的一种治疗方法，对于许多癌症可以产生较好的疗效。目前临床上应用的放射线有X线治疗和γ线治疗两种。

质子放疗

质子治疗是目前世界上临床应用最先进的放射治疗手段。带正电的质子，经电场后会高速运动，获得极高的能量。使用质子加速器产生高能质子束，在精确控制下射入人体，将能量准确地释放到病变部位，达到治疗效果，这就是质子治疗的技术优越性。

放射治疗的最理想效果是给予肿瘤细胞根治剂量，而不损伤正常组织。然而，传统放射治疗技术所使用的X射线或γ射线在治疗肿瘤的同时，正常组织不可避免地损伤到，肿瘤无法得到根治性治疗。质子以其优越的物理特性，使肿瘤放射治疗效果基本达到了放射治疗的理想目标。

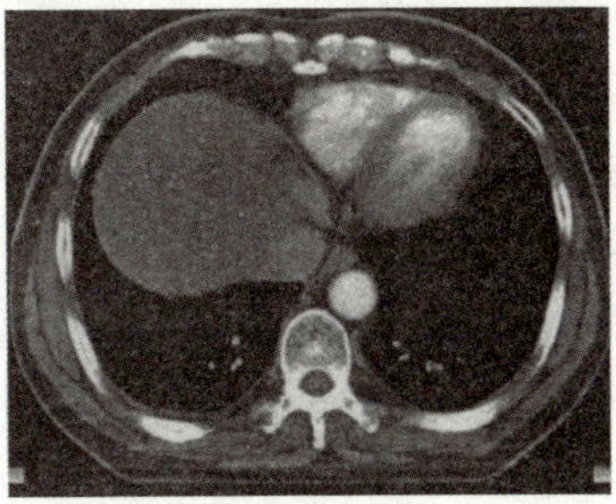
◆放射治疗后肿块消失

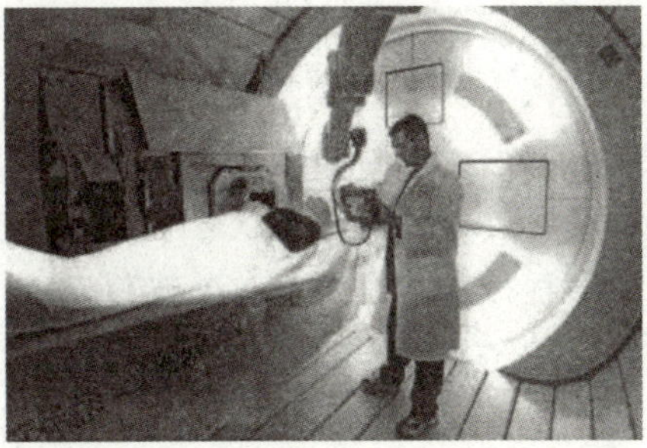
◆质子放疗

质子放疗的优点

一、治愈率极高

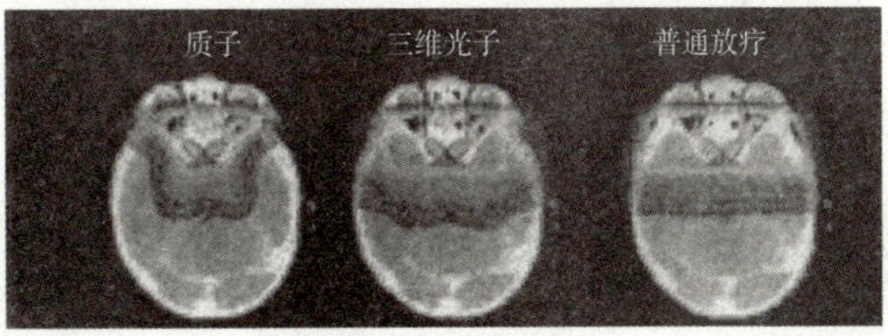

◆质子、三维光子和普通放疗比较

传统放射治疗中的射线随机体组织的深入，能量会逐渐衰减，而质子作为带正电荷的离子，进入人体的速度极高，因此，在体内与正常组织或细胞发生作用的机会极低，当质子束到达癌细胞的特定部位时，速度突然降低并停止，释放最大能量，将癌细胞杀死，因此，治愈率极高。

二、副作用极小

传统的放射治疗对浅层组织和肿瘤后的正常组织损伤较大。质子治疗时肿瘤前端的组织仅受到极小量的照射，对肿瘤后面和侧面的正常组织照射为零，几乎不会损伤正常组织。所以副作用极小，安全性比较高。

> 万杰博拉格质子治疗中心总投资6亿人民币，历经2年半的安装调试，于2004年12月20日投入临床使用，它是华人世界第一家质子治疗中心，使中国成为继美国、日本之后第三个拥有质子治疗系统的国家。

三、精确度极高

由于质子的质量大，在物质内散射少，在照射区周围只有很小的半影，减少了对周围正常组织的照射剂量，从而使得肿瘤治疗的精确度大大提高。质子射线还可以运用自动化技术人为控制其能量释放的方向、部位和射程，以实现“定向爆破”。

总之，质子束的这些优越特性及质子治疗技术的先进性是目前其他放射治疗技术不可比拟的。它可以弥补其他放疗技术的不足。适用于各种良恶性肿瘤的放射治疗，尤其适用于眼部肿瘤的治疗、较大体积的深部肿瘤的治疗和对常规辐射敏感性差的肿瘤的治疗等。但是，质子束治疗设备比较昂贵，技术含量高，目前只在少数先进国家的大型实验室才拥有该技术。

小知识

什么是化疗？

化疗是利用化学药物杀死肿瘤细胞、抑制肿瘤细胞的生长繁殖和促进肿瘤细胞的分化的一种治疗方式，它是一种全身性治疗手段，对原发灶、转移灶和亚临床转移灶均有治疗作用，但是化疗治疗肿瘤在杀伤肿瘤细胞的同时，也将正常细胞和免疫（抵抗）细胞一同杀灭，所以化疗是一种“玉石俱焚”的治疗方法。

点击——得克萨斯州的安德森癌症治疗中心

◆质子放疗中心

为了攻克癌症这个全人类的敌人，2006年，位于美国得克萨斯州的安德森癌症治疗中心投资1.25亿美元建成了世界上最大的质子治疗中心。目前，它是世界上最权威的癌症治疗机构，每年有来自美国和世界各地的6万多名癌症患者接受质子放疗。现在，安德森癌症治疗中心在护理、研究、教学和预防各方面都享誉全球，对癌症跨学科的“综合疗法”更有其独到之处。

会　议

◆第46届国际粒子（质子）肿瘤放射治疗大会

2007年5月21日，第46届国际粒子（质子）肿瘤放射治疗大会在山东淄博召开，共有26个国家和地区的800多位放疗、肿瘤、神经外科医学专家出席。

国际粒子（质子）肿瘤放射治疗大会由国际质子治疗协作委员会（PTCOG）组织，是全球范围内利用核粒子——已经成熟的质子和正在进入临床试验的碳粒子治疗肿瘤等疾病的高端国际学术交流大会，我国是继日本之后第二个举办该大会的亚洲国家。

生命的螺旋
——DNA 分子模型

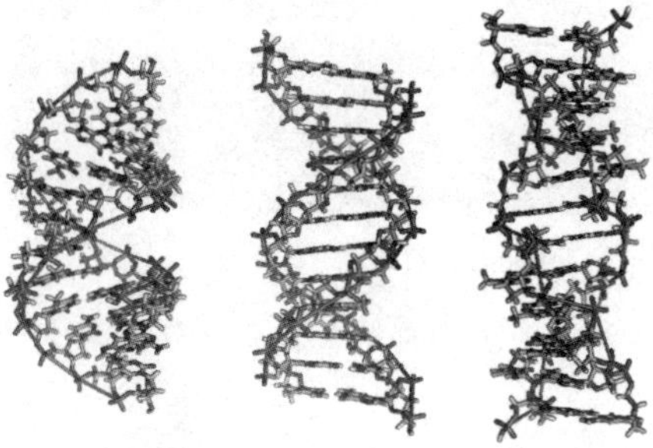

◆DNA 分子模型

1953 年 2 月，两位科学家弗朗西斯·克里克和詹姆斯·沃森解开了生命的秘密。DNA 究竟是什么？这两位科学家制成了一个 DNA 模型，展示了他们所坚信不疑的东西：DNA 是生物遗传、发展和进化基因码的携带者。这是彻底改变科学、医学和现代生活许多方面的重大发现。他们究竟是如何做到的呢？DNA 到底是什么呢？让我们一起来揭开它的神秘面纱！

什么是 DNA

◆诠释基因

DNA，即脱氧核糖核酸，它是一种分子，这种分子是染色体的主要化学成分，同时也是由基因组成的，有时被称为“遗传微粒”，因为可组成遗传指令，以引导生物发育与生命机能运作。你的相貌长得之所以像你的父亲，像你的母亲，就是因为你父母的特征通过 DNA 遗传给你了。带有遗传信息的 DNA 片段称为基因，其他的 DNA 序列，有些直接以自身构造发挥作用，有些则是参与调控遗传信息的表现。

生命之谜被打开

20 世纪 50 年代初，美国科学家埃弗里的实验和赫尔希与他的学生蔡斯的实验，证明 DNA 是生物体的遗传物质，这之后，科学家们寻求 DNA 的合理模型，从而可以用来阐述它的遗传作用。

◆鲍林

1952 年底，美国加州理工学院的鲍林等人提出 DNA 分子并非单链结构，而可能是双链或三链的螺旋体。但是鲍林当时专注于蛋白质结构的研究，使得他与成功擦肩而过。

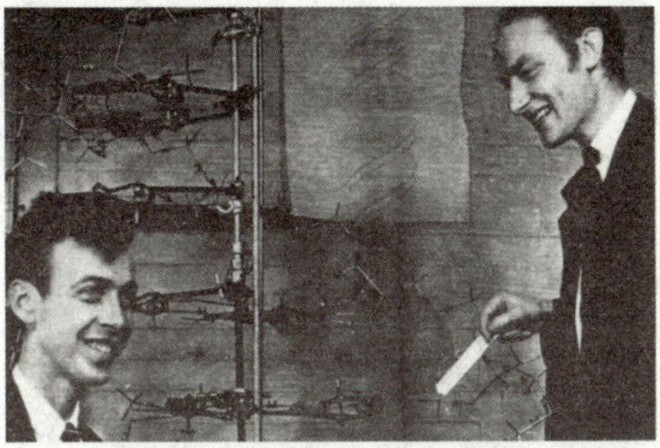

◆沃森（左）和克里克（右）

同时，在英国皇家学院，新西兰物理学家威尔金斯和英国女物理学家富兰克林于 1952 年推算出 DNA 分子是双链同轴排列的螺旋结构，1953 年，富兰克林已经基本攻克 DNA 分子的结构问题但是却还是没有找到一个合理的 DNA 模型，他们也没有真正理解 DNA 分子结构的伟大意义。到后来，两个人的关系破裂没有办法共同合作下去，使得他们也离成功只有一步之遥。

◆富兰克林（左）和威尔金斯（右）

1953 年，沃森和克里克经过不懈的努力，共同提出了 DNA 分子的双螺旋结构，标志着生物科学的发展进入了分子生物学阶段。DNA 双螺旋结构的提出开启了分子生物学时代，“生命之谜”被打开。

名人名言

“我们的成功主要要归功于选择正确的课题并持之以恒。”

——克里克

DNA 重组技术

自从 DNA 双螺旋结构被阐明，便揭开了生命科学的新篇章，人们已完全认识到掌握所有生物特征和命运的东西就是 DNA 和它所包含的基因，生物的进化过程和生命过程的不同，都是因为 DNA 和基因运作不同。20 世纪 70 年代初，DNA 重组技术诞生，至此，基因工程作为现代生物工程的基础，成为现代生物技术和生命科学的基础与核心。DNA 重组可以打破自然规律，可以通过改变病患的 DNA 排列达到治病目的，可以改进生物的性能，可以产生优良品种……

1972年，美国科学家首次成功地重组了世界上第一批DNA分子，标志着DNA重组技术的诞生。

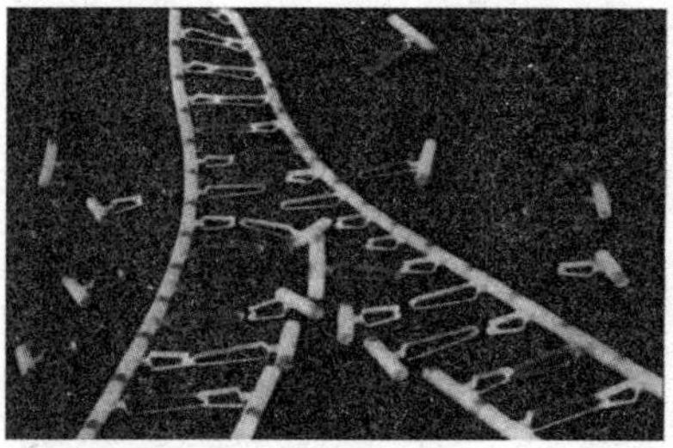

◆DNA 重组

小知识

小知识——基因诊断和基因治疗

基因水平上进行诊断和治疗称为基因诊断和基因治疗。人类疾病都直接或间接与基因有关，在基因水平上对疾病进行诊断和治疗，则既可达到病因诊断的准确性和原始性，又可使诊断和治疗工作达到特异性强、灵敏度高、简便快速、无副作用的目的。目前，基因诊断作为第四代临床诊断

小知识

技术已被广泛应用于对遗传病、肿瘤、心脑血管疾病、病毒细菌寄生虫病和职业病等的诊断。而基因治疗的目标则是通过DNA重组技术创建具有特定功能的基因重组体，以补偿失去功能的基因的作用，或是增加某种功能以利对异常细胞进行矫正或消灭。从理论上讲，基因治疗是治本而无任何毒副作用的绿色疗法。

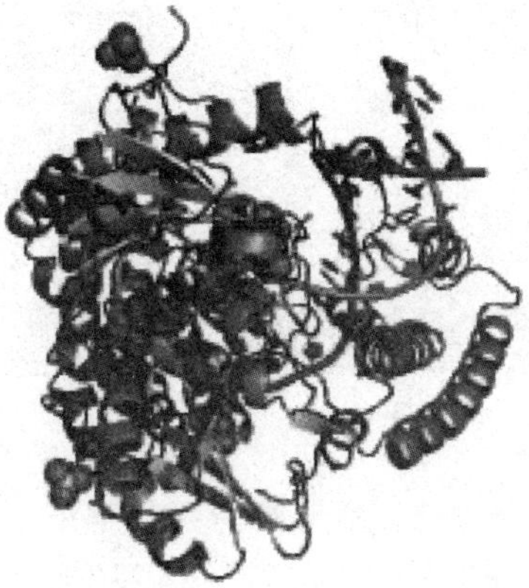

◆一种杀菌化合物，被用于对付“超级细菌”

DNA亲子鉴定

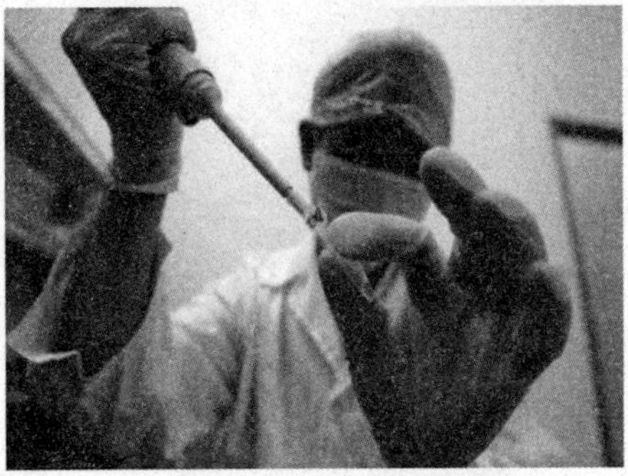

◆亲子鉴定

“DNA亲子鉴定”，现在，我们应该很熟悉这个词汇了，无论是从电视剧里面，还是从科普书里面，我们经常听到或者看到这个字眼。那么，它到底有什么神奇之处呢？

DNA是人身体内细胞的原子物质。每个原子有46条染色体，男性的精子细胞和女性的卵子中各有23条染色体，当精子和卵子结合时，这46条原子染色体就制造一个生命。DNA亲子鉴定测试与传统的血液测试有很大的不同。DNA的样本是从几滴血、腮细胞或培养的组织纤内提取，用晦素将DNA样本切成小段，放

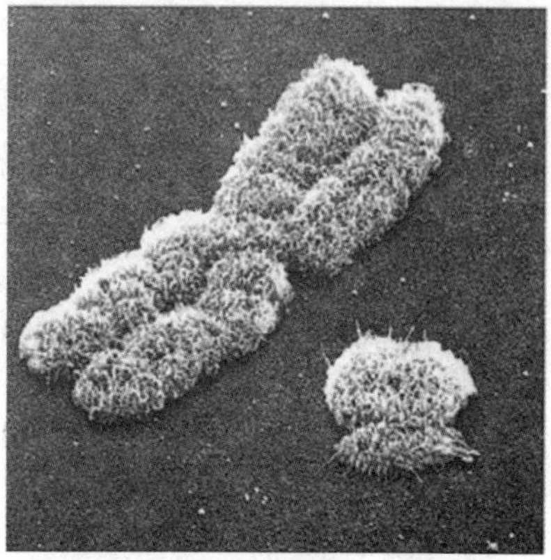
◆X、Y染色体对比

进喱胶内，用电泳槽推动DNA小块使之分离。分离开的基因放在尼龙薄膜上，用特别的DNA探针去寻找基因，相同的基因会凝聚于一，然后，利用特别的染料在X光的环境下，便显示由DNA探针凝聚于一的黑色条码。小孩的这种肉眼可见的条码很特别，一半与母亲的吻合，一半与父亲的吻合。这个过程重复几次。每一种探针用于寻找DNA的不同部位并形成独特的条码，用几组不同的探针，可得到超过99.9%的父系或然率或分辨率。除了真正双胞胎外，每人的DNA都是独一无二的。

轶闻趣事——DNA揭开法国皇室之谜

◆路易十六

历史上有这么一则著名悬案：法国国王路易十六于1793年法国大革命高潮时期，在巴黎市中心的大批围观者面前被送上断头台。他的儿子路易·夏尔自动成为国王路易十七。官方报告称路易·夏尔于1795年6月8日死在狱中。但当时有传言说路易十七已逃离出狱，墓中埋葬的是替死鬼。路易十七究竟何去何从？是否逃过了法国大革命的追捕？保皇党人对这个问题争论了205年。

1999年12月，科学家对假定的这位少年君主进行了开棺检验，并将其DNA结构与健在和已故的皇室成员的DNA样品（其中包括从玛丽·安托瓦内特的一缕头发中提取的DNA）进行了对比，专家们得出了结论：这里埋葬的的确是路易十七，死因现在看来是肺结核。科学家们用脱氧核糖核酸（DNA）检测技术成功地解决了欧洲历史上这一大悬案。

DNA测试可以在不同的样本上进行，包括血液、口腔细胞、组织细胞样本和精液样本。

拓展思考

1. 什么是 DNA，DNA 可以随意弯曲吗？
2. 为什么人长得跟父母相似？
3. 上网查一下，什么是分子生物学？
4. 提取 DNA 需要注意什么？
5. 什么是“垃圾 DNA”？

多种波长、多种选择
——自由电子激光器

◆手指激光器玩具

我们知道，激光器的发明是20世纪科学技术的一项重大成就，激光器是能够发射激光的装置。它使人们终于有能力驾驭尺度极小、数量极大、运动极混乱的分子和原子的发光过程，从而获得产生、放大相干的红外线、可见光线和紫外线的能力。激光有一系列的优点，比如，准直性好、能量高、相干性好，激光科学技术的兴起使人类对光的认识和利用达到了一个崭新的水平。随着人类对激光技术的进一步研究和发展，激光器的性能逐步提升，成本将进一步降低，但是它的应用范围却还将继续扩大，并将发挥出越来越巨大的作用。今天，让我们一起来了解一下自由电子激光器，看看它有什么奇特之处吧！

激光器发展史

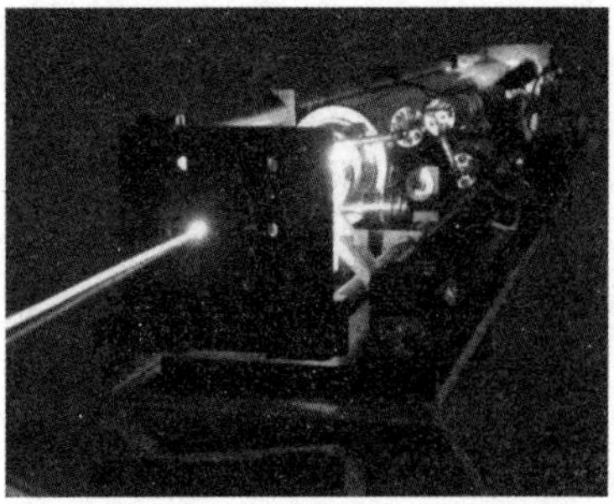
◆大功率氩离子激光器

首先，让我们一起来回顾一下激光器的发展吧！1958年，贝尔实验室的汤斯和肖洛发表了关于激光器的经典论文，奠定了激光发展的基础。1960年，美国人梅曼发明了世界上第一台红宝石激光器。梅曼利用红宝石晶体做发光材料，用发光度很高的脉冲氙灯做激发光源，获得了人类有史以来的第一束激光。1960年12月，出生于伊朗的美国科学家贾万率人成功制造并运转了全世界第一台气体激光器——氦氖激光器。1962 年，有三组科学家几乎同时发明了半导体激光器。1965 年，第一台可产生大功率激光的器件——二氧化碳激光器诞生。1966 年，科学家们又研制成了波长可在一段范围内连续调节的有机染料激光器。1967 年，第一台 X 射线激光器研制成功。1990 年美国研制成功畸变量子阱激光器，开关速度达 280 亿次/秒，这是激光器有史以来达到的最高速度。美国电话电报公司贝尔实验室的研究人员于 1992 年研制出当时世界上最小的固体激光器，它在扫描电子显微镜下看起来就像一个个微型图钉。另外，1992 年日本推出一种高输出半导体激光器，特点是服务寿命长，在室温下可连续工作 5000 小时。1997 年，美国麻省理工学院的研究人员研制出第一台原子激光器。此外，还有很多化学激光器纷纷问世。

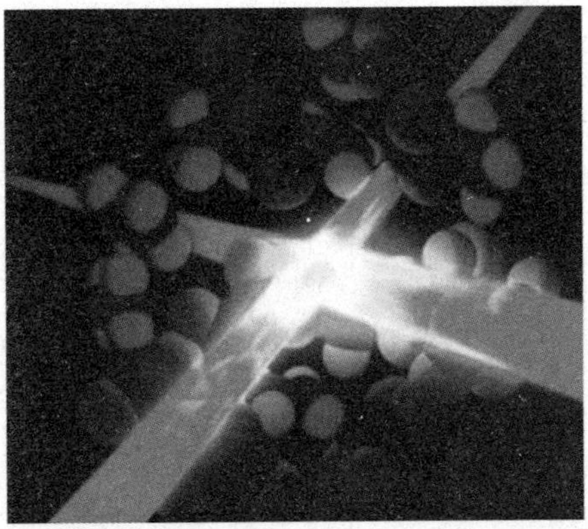

◆量子级联激光器

◆麻省理工学院

你知道吗?

传统激光器制造激光束时，电子常会把发射出去的光子重新吸收回来，降低了激光束的能效。而利用“量子级联激光器”制造激光束，这种吸收率降低了 90%，这就有可能使激光器在较弱的电流条件下工作，且不易受到温度变化的影响，其发射的激光束能效因此显著提高。

名人介绍——中国科学院院士王之江

王之江，光学家，中国科学院院士。发展了光学成像的像差和像质评价理论，完成了多种光学系统设计；领导研制了我国第一台激光器，领导完成的高能、高亮度钕玻璃激光系统，是当时世界上同类器件的最高水平。在全息学、干涉计量学、光信息处理、自由电子激光、激光分离同位素、光计算技术等学科前沿研究领域中，取得了多项成果。

自由电子激光器

◆德国电子同步加速器研究中心

1977年，美国海军研究局和“托马斯·杰斐逊”国家加速器实验室的专家通过加速使电子获得了极高的能量，并在这种高能电子环境中开发出了激光，这种激光被研究人员称为“自由电子”激光。之后，专家又制作出了能发射“自由电子”激光的激光器，“自由电子”激光器能发射多种波长，可分别达到红外波段、可见光波段和波长比可见光更短的紫外波段。其中，红外波段的激光能量最高，其功率可达1万瓦。紫外波段的激光功率为1千瓦。

中国第一台自由电子激光器于1985年问世。

自由电子激光器提供的强光束，能够被调谐到一个特定的波长，并且比从常规激光器得到的光束功率更高。

2009年，德国电子同步加速器研究中心的自由电子激光器装置将波长缩短到了6.5nm，该波长仅是此前波长的一半。自由电子激光器有四大优势：短波、波长可调、大功率、高效率，它的发明为激光学科的研究开辟了一条新途径。

优势及应用

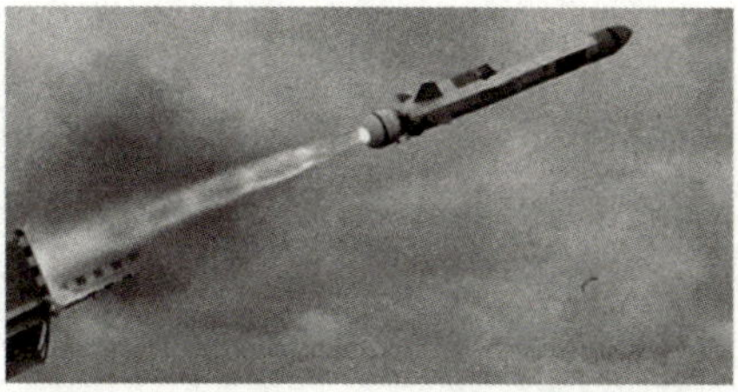

◆挪威最先进的“海军打击导弹”(NSM)正式进入生产阶段

◆美国海军 DDX 未来驱逐舰想象图

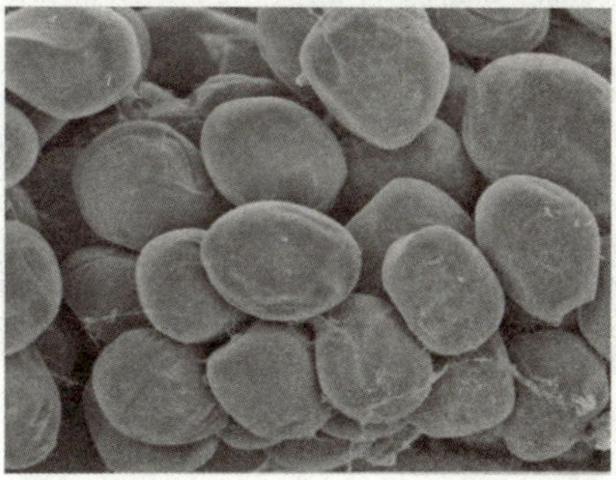

◆脂肪细胞

美国《导弹防御内情》2005 年 11 月 23 日报道，美海军研究实验室定向能项目负责人索尔特·昆廷称，自由电子激光器到 2020 年将可能部署成为舰船防御敌方导弹的武器。因为自由电子激光器的光束不受大气干扰的影响，所以无论是跟踪还是摧毁导弹，它都可能成为舰船防御的更合理的激光器类型。自由电子激光器“24 小时”工作的能力也使它的性能优于一般的化学激光器。只要装有激光器的舰船有电，则自由电子激光器就能持续运转并发射红外光。现在，海军已开始设计和制造一种新的自由电子激光器，功率可达到 10 万瓦，他们形象地称之为“光枪”。10 万瓦的功率是充当武器的最低要求。在研制与其他武器威力相当的能量武器道路上，自由电子激光器可以充当一个跳板，但前提是，“光枪”研究人员必须能够首先做到把功率提高到 10 万瓦。

另外，科学家们正考虑利用自由电子激光器来有选择性地杀死导致粉刺的脂肪细胞，或者用它来照射尼龙织物以杀菌。此外，该激光器可能用于生产超持久耐用的材料。

自由电子激光器在材料科学领域、凝聚态物理学、激光武器、激光反导弹、雷达、激光聚变等多个领域的应用前景也是很乐观的。

我国激光器的诸多第一台

◆灿烂激光

1961 年 9 月，我国第一台固体红宝石激光器问世；

1963 年 7 月，我国第一台氦—氖激光器问世；

1963 年 6 月，我国第一台掺钕玻璃激光器问世；

1963 年 12 月，我国第一台镓砷同质结半导体激光器问世；

1964 年 10 月，我国第一台脉冲氩离子激光器问世；

1965 年 9 月，我国第一台二氧化碳分子激光器问世；

1966 年 3 月，我国第一台碘甲烷化学激光器问世；

1966 年 7 月，我国第一台钇铝石榴石激光器问世。

1985 年，我国第一台自由电子激光器问世。

点击——长春科技文化城

◆长春风光

长春拥有诸多的美誉，如“汽车城”“电影城”“森林城”等，但是这诸多的头衔中，最令人瞩目的是“科技文化城”。长春是新中国汽车工业的摇篮、光电子技术的摇篮、生物技术的摇篮、应用化学的摇篮……在光学、精密仪器、激光技术、高分子材料、生物制品、超导、汽车等方面的研究均居国内领先水平。

新中国第一辆国产红旗牌轿车、第一辆载重汽车、第一辆铁路客车、货车和地铁电动客车、第一锅光学玻璃、第一台红宝石激光发生器、第一台电子显微镜、第一台激光器、第一块合成橡胶等等，都诞生在这片美丽神奇的土地上。

灰飞烟灭中了解你
——粒子加速器

◆粒子加速器

粒子物理领域是加速器诞生和发展的最原始的动力，要想了解物质的微观结构，首先要把它打碎，就像我们要看到核桃里面的东西，必须把核桃壳打碎一样。粒子加速器就是那个要把“核桃”打碎来研究“核桃”内部结构的装置，它将微小带电粒子加速到非常高的能量，速度接近光速，然后打到固定的靶上或彼此对撞，以研究物质深层次的结构。似乎是先有相互携手的灰飞烟灭，才有最后的彼此了解，让我们一起来认识这个神奇的东西！

什么是粒子加速器

粒子加速器是利用电场来推动带电粒子使之获得高能量的装置。它可以通过高速碰撞，使物质的微观结构产生最大程度的变化，进而使我们了解物质的基本性质。它是探索原子核和粒子的性质、内部结构和相互作用的重要工具。几十年来人们研制和建造了多种粒子加速器，性能不断提高。日常生活中常见用于电视的阴极射线管及X光管等都是小型的粒子加速器。

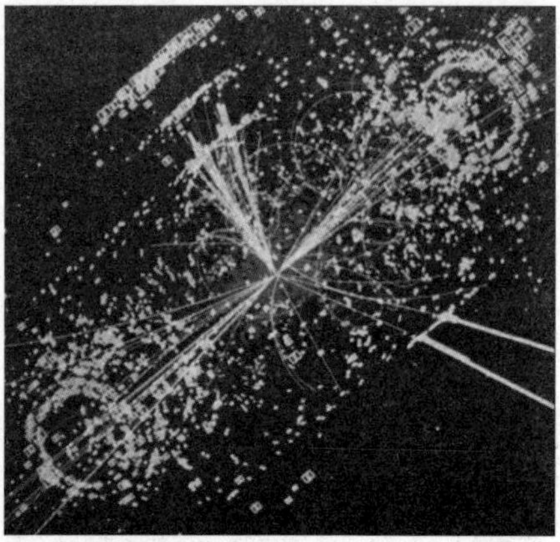

◆高能粒子对撞效果

◆考克罗夫特和沃尔顿的实验装置

粒子加速器的发展历史

粒子加速器最初是作为人们探索原子核的重要手段而发展起来的，它的发展历史紧紧围绕着人们对粒子的探索：

1919 年，卢瑟福用天然放射源实现了历史上第一个人工核反应，激发了人们用高能快速粒子束变革原子核的强烈愿望。

1928 年，伽莫夫关于量子隧道效应的计算表明，能量远低于天然射线的 α 粒子也有可能透入原子核内。这项研究结果增强了人们研制人造快速粒子源的决心。

◆沃尔顿

◆考克罗夫特

1928 年，考克罗夫特和沃尔顿发明了粒子高压加速装置，1932 年第一次成功利用高能质子轰击锂原子核实现核反应。他们于 1951 年获得诺贝尔物理学奖。

1930 年，劳伦斯制作了第一台回旋加速器。几年后，他们用回旋加速器获得的氢离子和氘束轰击靶核产生了高强度的中子束。于 1939 年获得了诺贝尔物理学奖。

◆劳伦斯和他的第一台回旋加速器

1940 由美国科学家科斯特利用电磁感应产生的涡旋电场发明了新型的加速电子的电子感应加速器。它是加速电子的圆形加速器。与回旋加速器的不同之处是通过增加穿过电子轨道的磁通量完成对电子的加速作用，电子在固定的轨道中运行。在该加速器中，必须和处理电子的相对论作用一样来处理由辐射而丢失的能量。所有被加速的粒子辐射电磁能，并且在一定动能范围内，被加速电子的辐射损失能量比质子的多。这种丢失的辐射能称同步加速辐射。因此，电子感应加速器的最大能量限制在几百兆电子伏特（MeV）内。在加速器的发展历史上，该加速器起了重要的作用。

◆500 万伏粒子加速器轰击玻璃产生的图案

1945 年，维克斯勒尔和麦克米伦分别提出了谐振加速中的自动稳相原理，从理论上提出了突破回旋加速器能量上限的方法，从而推动了新一代中高能回旋谐振式加速器如电子同步加速器、同步回旋加速器和质子同步加速器等的建造和发展。

粒子加速器的结构

粒子加速器的结构一般包括 3 个主要部分：

（1）粒子源。用以提供所需加速的粒子，有电子、正电子、质子、反质子以及重离子等等。

汤姆森是最先打开通向基本粒子物理学大门的科学家。1897年通过研究气体放电现象而发现了第一个基本粒子——电子，1906年获诺贝尔奖。

（2）真空加速系统。其中有一定形态的加速电场，并且为了使粒子在不受空气分子散射的条件下加速，整个系统放在真空度极高的真空室内。

（3）导引、聚焦系统。用一定形态的电磁场来引导约束被加速的粒子束，使其沿预定轨道接受电场加速。

链接：加速器按能量的分类

加速器的效能指标是粒子所能达到的能量和粒子流的强度（流强）。按照粒子能量的大小，加速器可分为低能加速器、中能加速器、高能加速器和超高能加速器。目前低能和中能加速器主要用于各种实际应用。

粒子加速器的分类

粒子加速器按其作用原理不同可分为静电加速器、直线加速器、回旋加速器、电子感应加速器、同步回旋加速器、对撞机等。

静电加速器

利用静电高压加速带电粒子的装置，可加速电子或质子。首先由R·J·范德格拉夫于1931年研制成功，因此，也被称为范德格拉夫起电机。加速粒子的能量受到所使用绝缘材料击穿电压的限制。为提高静电加速器的工作电压和束流强度，近代静电加速器安置在钢筒内，钢筒内充有绝缘性能良好的高压气体，以提高静电高压发生器的耐压强度，加速粒子的能量可以得到大幅提高。静电加速器属于低能加速器。

直线加速器

顾名思义，直线加速器是应用沿直线轨道分布的高频电场加速电子、质子和重离子的装置。是根据 1928 年维德罗提出的加速原理。早期主要是利用频率不太高的交变电场加速带电粒子，1946 年后利用射频微波来加速带电粒子。1966 年建成的美国斯坦福大学电子直线加速器管长 3050 米，这个庞然大物，是世界上最长的直线加速器。

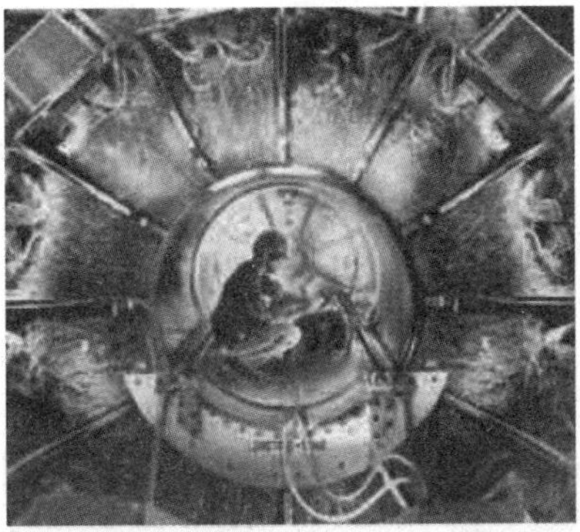

◆斯坦福电子直线加速器

回旋加速器

它是利用磁场使带电粒子作回旋运动，在运动中经高频电场反复加速的装置。是高能物理中的重要仪器。

美国斯坦福大学直线加速器实验室的科学家们曾获得过三次诺贝尔奖，他们目前正在收集首个科学证据，通过对撞正电子与电子，证明宇宙中的物质比反物质更多。

电子感应加速器

应用感生电场加速电子的电子感应加速器，同时这也是感生电场存在的最重要的例证之一。

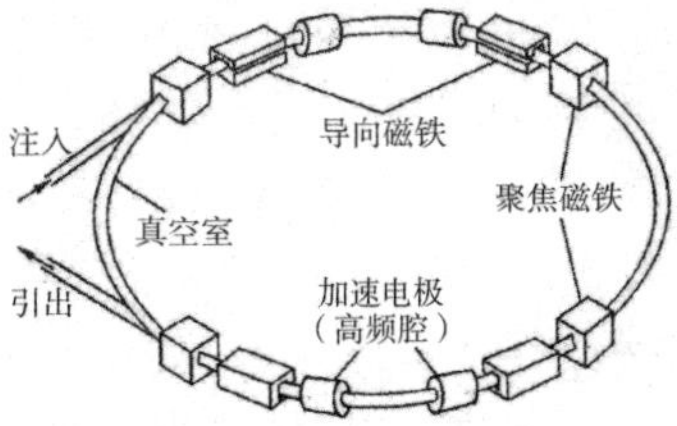

◆粒子加速器结构

◆粒子加速器

同步回旋加速器

回旋加速器有极限能量的限制，而同步回旋加速器是为克服回旋加速器极限能量的限制而发展起来的。它是通过调节加速电场的变化频率，使之适应相对论效应的影响。

对撞机

◆大型强子对撞机

◆对撞机

顾名思义，对撞机是一种让某种东西在其中对撞的机器。它是在高能同步加速器基础上发展起来的。在研究高能物理用的对撞机里，对撞的可不是一般的东西，而是被加速到接近光速的微小粒子。因此，这里的对撞机就是加速带电粒子并在其中进行对撞的加速器。对撞机是探索物质微观世界的有力工具。它的主要作用是积累并加速相继由前级加速器注入的两束粒子流，到一定束流强度及一定能量时使其在相向运动状态下进行对撞，以产生足够高的相互作用反应率，从而便于测量。

2009 年 11 月 23 日，大型强子对撞机（LHC）首度成功进行质子对撞。欧洲粒子物理研究中心（CERN）指出，从当天下午到傍晚，质子对撞在 27 公里长环状加速器上的所有四具侦测器中陆续发生。

中国的粒子加速器简史

1955 年，中国科学院原子能所建成 700eV 质子静电加速器。

1957 年前后，中国科学院开始研制电子回旋加速器。

1958 年，中国科学院高能所 2.5MeV 质子静电加速器建成；中国第一台回旋加速器建成；清华大学 400keV 质子倍压加速器建成。

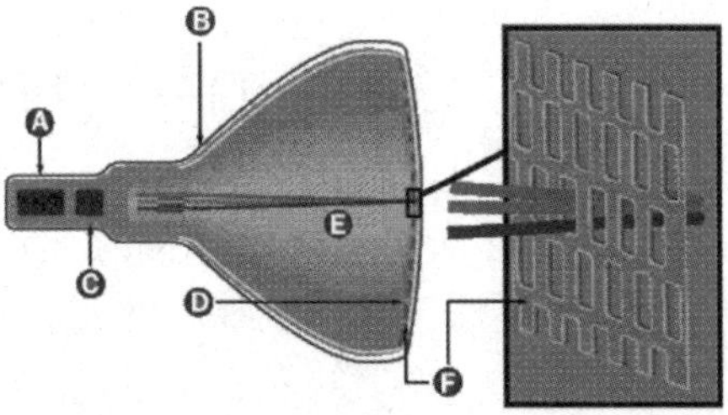

◆阴极射线管（CRT）

1958 ～ 1959 年，清华大学 2.5MeV 电子回旋加速器出束。

1964 年，中国科学院高能所 30MeV 电子直线加速器建成。

1982 年，中国第一台自行设计、制造的质子直线加速器首次引出能量为 10MeV 的质子束流，脉冲流达到 14mA。

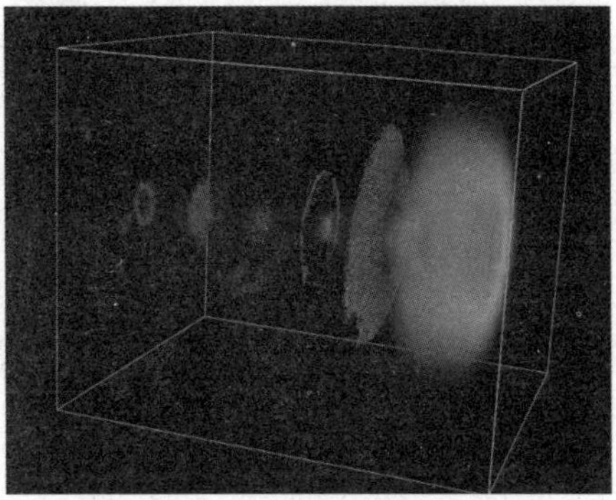

◆质子驱动等离子体尾场加速器

1988 年，北京正负电子对撞机首次对撞成功。这是中国继原子弹、氢弹爆炸成功、人造卫星上天之后，在高科技领域又一重大突破性成就。

1989 年，北京谱仪（大型粒子探测器）推至对撞点上，开始总体检验。中国科技大学设计的我国最早起步的同步辐射加速器建成出光。

2004 年，北京正负电子对撞机重大改造工程第一阶段设备安装和调试工作取得重大进展。11 月 19 日，直线加速器的改进工作取得一个重要的阶段性成果。

2005 年，北京正负电子对撞机正式结束运行。北京正负电子对撞机重大改造工程第二阶段——新的双环正负电子对撞机储存环的改建工程施工正式开始。

您是否知道其实在您的家里已经有了一种粒子加速器？事实上，您可能正在使用一种粒子加速器阅读文章！任一电视机或计算机显示器的阴极射线管（CRT）实际上就是一种粒子加速器。

中国的三大高能物理研究装置

20 世纪 80 年代，我国陆续建设了三大高能物理研究装置——北京正负电子对撞机、兰州重离子加速器和合肥同步辐射装置。

北京正负电子对撞机

◆北京正负电子对撞机

◆兰州重离子加速器

北京正负电子对撞机是一台可以使正、负两个电子束在同一个环里沿着相反的方向加速，并在指定的地点发生对头碰撞的高能物理实验装置。由于磁场的作用，正负电子进入环后，在电子计算机控制下，沿指定轨道运动，在环内指定区域发生对撞，从而发生高能反应。然后用一台大型粒子探测器，分辨对撞后产生的带电粒子及其衍变产物，把取出的电子信号输入计算机进行分析处理。它始建于 1984 年 10 月 7 日，1988 年 10 月建成，包括正负电子对撞机、北京谱仪（大型粒子探测器）和北京同步辐射装置。

兰州重离子加速器

兰州重离子加速器是我国自行研制的第一台重离子加速器，同时也是我国到目前为止能量最高、可加速的粒子种类最多、规模最大的重离子加速器，是世界上继法国、日本之后的第三台同类大型回旋加速器，1989 年投入正式运行，主要指标达到国际先进水平。中科院近代物理研究所的科研人员利用这台加速器成功地合成和研究了10余种新核素。

合肥同步辐射装置

◆国家同步辐射实验室外景图

合肥国家同步辐射实验室直线加速器合肥同步辐射装置主要研究粒子加速后光谱的结构和变化，从而推知这些粒子的基本性质。它始建于1984年4月，1989年4月26日正式建成，接待了大量国内外用户，取得了一批有用成果。

粒子加速器的应用

低能加速器在工业中有很广泛的应用。比如：辐照加工、无损检测、粒子注入等。在农业中的应用有：辐照育种、辐照保鲜、辐照杀虫和灭菌。在医疗卫生中的应用有：放射治疗、医用同位素生产、辐照消毒等。

同步辐射是接近光速的高能电子在电子储存环或电子同步加速器中回旋运动时发出的一种极强的电子辐射。它具有宽能谱、高亮度、偏振性等一系列优异性能，被广泛应用于各个研究领域。

知识库——什么是无损检测

利用声、光、磁和电等特性，在不损害或不影响被检对象使用性能的前提下，检测被检对象中是否存在缺陷或不均匀性，给出缺陷的大小、位置、性质和数量等信息，进而判定被检对象所处技术状态（如合格与否）的所有技术手段的总称。无损检测是工业发展必不可少的有效工具，在一定程度上反映了一个国家的工业发展水平，其重要性已得到公认。

广角镜——巨大天然粒子加速器

◆蛇夫座

据国外媒体报道，欧洲航天局(ESA)于北京时间2008年1月，首次清晰地观测到来自“蛇夫座”星系团的高能X射线，由于这些X射线过于活跃，因此不太可能来自于星系团中的惰性热气体。这些X射线还表明，气体中荡漾过巨大的冲击波，这使得这个星系团成了一个巨大的粒子加速器。这一新发现将有助于科学家们更好地理解星系团自身的历史演化进程。

拓展思考

1. 为什么不能用超大型直线加速器？
2. 什么是射线和高能粒子？
3. 什么是同步加速器、电子感应加速器？
4. 在中国粒子加速器的发展史中，有哪些人做出了重要贡献？